U0182201

直击人性的理财

[英] **娜塔莉·斯宾塞** ◎ 著　　**梁金柱** ◎ 译
（Nathalie Spencer）

GOOD MONEY
Understand your choices. Boost your financial wellbeing

中国科学技术出版社
·北　京·

Good Money: Understand your choices. Boost your financial wellbeing by Nathalie Spencer./ISBN:9781781317570.

Copyright©2018 by Quarto Publishing plc.Text© 2018 Nathalie Spencer.

First published in 2018 by White Lion Publishing,an imprint of The Quarto Group.

Simplified Chinese translation copyright 2023 by China Science and Technology Press Co.,Ltd.

北京市版权局著作权合同登记 图字：01-2023-1283。

图书在版编目（CIP）数据

直击人性的理财 /（英）娜塔莉·斯宾塞
(Nathalie Spencer) 著；梁金柱译 . -- 北京：中国科
学技术出版社，2023.6
书名原文：Good Money: Understand your choices.
Boost your financial wellbeing
ISBN 978-7-5236-0045-0

Ⅰ.①直… Ⅱ.①娜… ②梁… Ⅲ.①财务管理—普
及读物 Ⅳ.① TS976.15-49

中国国家版本馆 CIP 数据核字（2023）第 036096 号

策划编辑	张雪子	
责任编辑	杜凡如	
版式设计	蚂蚁设计	
封面设计	创研设	
责任校对	焦　宁	
责任印制	李晓霖	

出　　版	中国科学技术出版社	
发　　行	中国科学技术出版社有限公司发行部	
地　　址	北京市海淀区中关村南大街 16 号	
邮　　编	100081	
发行电话	010-62173865	
传　　真	010-62173081	
网　　址	http://www.cspbooks.com.cn	

开　　本	710mm×1000mm　1/16	
字　　数	143 千字	
印　　张	9	
版　　次	2023 年 6 月第 1 版	
印　　次	2023 年 6 月第 1 次印刷	
印　　刷	北京华联印刷有限公司	
书　　号	ISBN 978-7-5236-0045-0 / TS・107	
定　　价	59.00 元	

阅读指南

本书分为5个章节，共20节课，涵盖了当下理财实践中最新和最热门的话题。

每节课介绍了一个重要的概念。

这些概念解释了如何将学到的东西应用到日常生活中。

在阅读本书的过程中，工具包能帮助你记录已学内容。

直击人性的
理财

通过阅读本书，你既可以获得知识，也可以明确人生方向。你可以用自己喜欢的方式阅读本书，或循序渐进，或跳跃性阅读。请开启你的阅读思考之旅吧。

目　录

引　言

钱在许多方面影响着我们的生活。从根本上说，钱是日常生活中一个必不可少的工具，要生活，我们就要用它来交换商品和服务。当然，钱的作用远不止于此。我们用钱来购买我们需要的东西(食物和住所等)和我们不那么需要的东西(镶钻的汽车)。钱可以买到令我们快乐的东西或体验，但也可能成为令我们紧张、压力和担忧的源头。那么，善于理财意味着什么呢?

财务健康是指平衡日常收支，做好长远规划，并为难免遇到的小问题未雨绸缪。善于理财并非是指简单地了解各种金融产品(尽管这有用)，它与我们的行为和决定有关，这些决定涉及我们如何消费、储蓄和让钱为我们服务。人类心理的各个方面都会影响我们的理财方式，多了解它们之间的相互作用可以帮助我们做出更好的决定。

如果你目前感到手头拮据，那么你并不孤单。研究发现，许多人都在钱的问题上苦苦挣扎。这不单是低收入者面临的情况，高收入者仍然会觉得要管理好自己的钱并非易事。根据一项估计，整个欧洲有五分之一的人发现每个月难以支付自己的房租或抵押贷款。大多数人的积蓄不到其三个月的收入，三分之一的人根本没有储蓄。这使得人们很脆弱，尤其是在遇到"意外状况"时，比如锅炉坏了、父母生病了或失业了。在金钱不足的情况下，就更难兼顾处理多个优先事项了。

当然，财富并非生活的全部。尽管钱不是万能的，也肯定不能保证幸福，但改善个人的财务状况还是有一些重要的好处的。积累财富可以防止那些令人讨厌的意外对人们造成重大影响，并为大家提供了更多选择，如果没钱就很难有这些选择。从这个意义上来讲，财务状况在某种程度上可以自我强化，财务状况不佳会带来更多的困难，而财务状况良好会创造更多的机会。

在本书中，我们将了解到，为什么我们与金钱相关的行为，并不总是易于理解，也不总是遵循传统经济学教科书中的准则。教科书上的方法往往假设人们具有优秀的计算能力，喜欢使用电子表格，对每一个决定都深思熟虑，并有无可挑剔的意志力。现实

> 通过更好地了解人性，我们可以改善自己的个人决策，以避免财务状况恶化，并让财务健康状况实现螺旋式上升。

是，对我们大多数人来说，这一写照并不准确。我们都是普通人，有人类的心理和人类的认知。通常情况下，我们可以过得很好。但有时我们的行为会事与愿违，例如，一方面你觉得确实应该好好处理一下自己的债务问题了，另一方面却又会竭力去回避检查自己实际欠款的数量。在这种情况下，我们将学习一些方法来帮助自己改变做法。希望通过更好地了解人性，我们可以优化自己的个人决策，以避免财务状况恶化，让财务健康状况实现螺旋式上升，认识到糟糕的金钱陷阱，并培养良好的理财习惯。

在第1章中，我们将反思我们对待金钱的诸多不同方式，以及金钱如何能改变我们的现状。我们还将揭示为什么我们会感到似乎永无止境的压力和需求，想要努力追求

更好、更多或更大的成果，这些压力和需求都源自我们的进化心理学，并得到了社会规范的强化。

第2、3、4章探讨了一些耐人寻味的思维习惯和行为模式，这些习惯和模式构成了通往财务健康道路上的种种阻碍。沿着这条道路，我们可以实现（日复一日，年复一年的）收支平衡，为意外的收入下降或支出激增建立缓冲，做到长远规划，以便我们未来在财务上能够游刃有余和高枕无忧。

在第5章中，我们将探讨一些保持财务正轨的方法，并提出一些建议，使我们时刻不忘自己的财务健康状况和总体幸福感，做到理性消费。

书中没有任何能让你一旦遵循就能立即致富的神奇公式，甚至没有任何具体的个性化建议。这一类的建议你可以通过咨询财务顾问，仔细研究自己的收入和支出的细节来获得。书中提出的观点以数十年的行为科学研究为基础，借鉴了许多不同的人性特征，这有助于诠释我们在金钱方面的一些特质，这样或许会帮助你走上"精于理财"的道路。

善于理财憶

味着什么？

第1章

金钱与我们

我们对待金钱的方式既是个人价值观和经验的产物，也是个人具体情况的产物。

钱不只是一种用来交换商品和服务的交易工具。人们获取和使用金钱的方式是非常个人化的，金钱的重要性远不是让我们获得安逸的物质享受那么简单，如果你那样认为，那你就太天真了。这很重要。

人们是如何获得金钱的？有的人通过工作（自己喜欢的或讨厌的工作）挣钱，或从亲人那里获得遗产。也许有的人靠聪明的投资赚钱，又或者靠别人经济上的接济。人们怎么花钱，在某种程度上能体现他们的身份、期望和价值观。

在第1课中，我们将了解到，我们对待金钱的方式是诸多原因造成的，例如我们的个性、我们的过往经历和我们赋予金钱的象征意义。财富是获得权力的手段吗？财富意味着自主权吗？财富意味着选择，甚至意味着爱情吗？也许财富意味着这一切。回顾人类的进化史便知道，人们在积累和展示财富方面感受到的一些压力，可能源自一种根深蒂固的动机——必须要有足够的吸引力才能组建一个家庭。

虽然今天我们感受到这些压力的方式与过去相比不尽相同，但我们一直相信某些东西会给我们带来幸福，或者相信某种人生道路会让人感到美满。研究人员发现，我们在这方面的预测往往都不准确——尽管我们不愿意承认，但或许我们就是很糟糕的预报员——这可能使我们难以确切地知道自己的奋斗目标。

此外，我们与金钱的复杂关系意味着，当某件事情牵扯到钱的时候，钱会改变这件事情的性质，并可能将社会交往变成性质完全不同的市场交易，有时还会造成意想不到的后果。

让我们开始本章的阅读之旅吧。

第1课　对钱的认知

你应该体会过这样的时刻。突然间，你发现自己身边的人——你以为自己很熟悉的人，在对待钱的问题上与你以往对他的认知完全不同。这个人可能是你的朋友、亲戚，甚至合作伙伴，但在那一瞬间，你感觉他们好像来自不同的星球。"你为这个花了多少钱?！""有什么好担心的，及时行乐吧！""你确定你能买得起吗？"甚至是"不要再给我买东西了！"

当我们在谈论钱的时候，我们谈论的远不止是它的交易价值。对待金钱有许多不同的方式——从钱给我们带来快乐的程度或因花钱而感到的痛苦，到它的象征价值和我们从中获得的意义，再到我们如何管理财务（或置之不理）。

例如，"吝啬鬼"和"败家子"这两个词听起来可能不太科学，但实际上它们体现了我们在花钱时感受到的快乐和痛苦。2008年，密歇根大学（University of Michigan）的斯科特·里克（Scott Rick）和同事开发了一个测量表，用于测量人们是否认为花钱太痛苦（吝啬鬼），不痛苦（败家子）或介于两者之间。虽然接受测量的大多数人都是介于两者之间，但每5人中就有1人被认定为吝啬鬼，同样，大约每5人中有1人被认定为花钱大手大脚。

吝啬的倾向与节俭不一样。节俭的特点是以储蓄和节约为乐，而吝啬鬼是舍不得钱，所以经常舍不得买东西，但仔细想想，他们本来是想要那些东西的。

你的另一半对待钱的态度是否与你截然相反？你并不孤单。这或许在人们意料之

中，里克和他的同事们发现，吝啬鬼和败家子的组合往往在金钱问题上有更多的分歧。吝啬的夫妇往往比败家的夫妇有更好的财务状况，而吝啬鬼和败家子结合的家庭的财务状况则介于两者之间。

当然，当涉及人们对金钱的态度时，这并不是唯一的分类方法。那么金钱的意义何在呢——除了钱能买到的物品之外，我们如何看待金钱之于我们的意义呢? 英国的一组研究人员调查了10万多人，了解金钱对他们的意义。对于一些人来说，金钱似乎代表着爱，是一种通过物质的慷慨来表达感情的方式。另一些人认为，金钱意味着权力，是一种实现地位或控制的方式。有人认为金钱意味着安全感。最后，还有一些人认为，金钱代表着自主权——它能带来自由。

在大多数研究中，人们对金钱的态度似乎与其收入或教育水平基本无关，但似乎与其遭遇财务困难的可能性有关，如透支、申请信贷遭拒绝或因为欠款汽车被收回。认为金钱代表着权力的人比其他人更有可能经历这些事件，而认为金钱意味着安全感的人则不太可能遇上类似情况。值得注意的是，通过这些研究，我们只能证明态度与财务困难之间的相关性，而不能证明二者存在因果关系。因此，有可能是经历了某一事件塑造了你的金钱态度，而不是你的金钱态度导致了某一事件。

背景很重要

你是如何看待金钱的？钱对你意味着什么？到目前为止，你生活中的哪些特征可能塑造了你与金钱的关系？

审视你自己对金钱的思考方式以及你所做的选择，是一种明智之举。你是否觉得前面的描述中有一条很符合你的情况？知道别人和自己有同样的想法，你或许会略感心安。但不要被标签所迷惑，仅仅是在许多情况下，你更认同张三而不是李四，但这并不意味着你总是会保持这样的想法，当然也不意味着你必须这样想。

背景塑造了我们的决策环境。你所生活的国家会影响你在医疗和住房方面的支出，或者你为退休而储蓄的金额；文化和语言影响着我们认识世界的心理模式；你的工作决定了你的收入；童年的经历也有可能为你成年后在生活中的态度埋下了种子，一遇逆境便会显现出来。

例如，弗拉达斯·格里斯基维修斯（Vladas Griskevicius）和他的同事发现，在

诸如经济衰退之类的匮乏时期，与在社会经济地位较高的家庭中长大的人相比，在经济条件较差的家庭中长大的人往往表现得更加冲动，他们宁愿选择短期回报，也不愿等待日后更好的回报。而在经济富足的岁月里，则不会体现出这些差异。

当然，不仅只是过去的经历非常重要，我们当前的环境也会成为决策的背景，严重影响我们与钱有关的决策，我们将在本书中讲到这一点。还记得前文提到的吝啬鬼吗？减少"付款的痛苦"（见第6课）可以系统地改变他们的消费行为。仅仅通过"5美元的小钱"这样的说法，来强调一项费用的低廉，就能增加一个吝啬鬼购买的可能性，这凸显了决策环境在行为决策方面的重要性。

正如我们所看到的，我们与金钱的关系没有单一的模型，它取决于许多不同的因素。反思我们与金钱的关系，可以帮助我们退后一步，审时度势，努力保持我们满意的方面，同时对我们希望有所改变的方面进行调整。

第2课　花钱的"最终驱动力"

名牌鞋子、豪华汽车、大颗宝石……为什么这些东西对我们如此有吸引力?

想象一下,你打算买一辆非常拉风的汽车。这辆车后备厢很小,座位很低,上下车都不方便。这无疑是一辆不实用的车,但它看起来很漂亮。想想当你开着这辆车时会吸引多少人的目光?现在想象四周空无一人时的情景——除了你自己,一个人都没有,就如同你是地球上最后一个人。现在,你觉得购买这辆车怎么样?如果没有其他人能看到你的车,再拉风又有什么意义?

这个思想实验强调了这样一个事实:我们购买的许多东西不仅仅是因为我们觉得它们有用或漂亮,而是为了别人的看法。有人认为,这种消费的很大一部分原因,可以用人类需求背后的进化心理学来解释。道格·肯里克(Doug Kenrick)、弗拉德·格里斯基维修斯(Vlad Griskevicius)、嘉德·萨阿德(Gad Saad)和杰弗里·米勒(Geoffrey Miller)等研究人员声称,人们为实现某些进化目标的冲动可以解释购买趋势和我们

有时所感受到的强烈的消费愿望。主要的进化目标包括:自我保护、预防疾病、结交朋友、获得群体中的地位、寻找(并保持)一位爱情伴侣,以及照顾我们的后代和亲属。当这些所谓的"基本社会挑战"中的任何一个,出现在我们的脑海中时,它就会影响我们的消费行为。

研究人员将"基本社会挑战"与更直接的行为驱动因素区分开来。两者都很有见地。

（1）直接的驱动因素是对我们为什么要做某事的表面解释。

（2）基本的最终驱动因素是我们行动背后更深层次的原因。

这是一个重要的区别,因为如果我们只看行为的直接动机,而不了解驱动行为的最终动机,我们的一些行为可能会显得自相矛盾。例如,如果你被诱惑去买上文中那辆华丽的汽车,直接的动机可能是你喜欢它柔

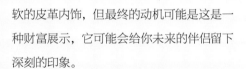

软的皮革内饰，但最终的动机可能是这是一种财富展示，它可能会给你未来的伴侣留下深刻的印象。

当然，我们都有个体差异，不同的性格、能力和经验，所以不是每个人都会以同样的方式或同样的程度来应对这些挑战，也不是每个人都赞同关于消费的进化驱动理论。关于这种理论存在着诸多批评的声音，其中最重要的是它很难被证明（或反驳）。不过，这仍不失为一种思考我们自己（过度）消费的有趣方式。

最终驱动因素

展示我们的"优越"（擅长7个基本社会挑战中的每一项）的想法，意味着我们可能会受到诱惑，花不必要的钱去购买华而不实的物品，以打动潜在的伴侣或朋友，或让自己感觉我们属于某个特定群体。从某种意义上说，产品越昂贵、越显眼，对其他人来说，你所展示出来的东西就越可信，因为它更难以伪造。而由于"浮华"是一个相对的概念，它可能会导致越来越多的消费。

最终的驱动力被认为会影响我们的花钱方式。例如，当自我保护是头等大事时，我们可能更愿意花钱在家庭警报器、门锁和警察身上（通过税收），以保证自己的安全。旁边人的咳嗽声可能会激发人们避免生病的驱动力，让人们避免社交和避开熙来攘往的人多的场所，所以我们可能会选择待在家里，而不是纵情于纸醉金迷的城市夜生活。

尼科尔·米德（Nicole Mead）和他的同事发现，如果人们结交朋友和联盟的驱动力被激发，人们更愿意把钱花在能显示某种团体归属的产品上（比如某个大学的T恤衫），或者花在其他人喜欢的产品

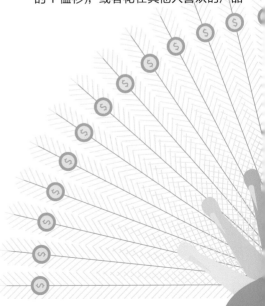

上，这一切都是出于希望自己能在社交中被接纳。获得地位的驱动力能够解释人们在工作中的雄心壮志，以及为了炫耀自身地位而进行的非常惹眼的奢侈品消费。

追求配偶、留住配偶和照顾亲属的目标与成功地将你的基因传给下一代有关。当人们试图找到伴侣时，希望自己看起来比竞争对手更有吸引力，所以更有可能把钱花在自己的外表上。一旦追求成功，保持伴侣关系的驱动力解释了为什么我们如此重视结婚周年礼物以及其他表达爱意的方式。最后，人们投入时间、精力和金钱，以确保自己的亲人有更好的机会能获得美好的未来。

当然，这些最终驱动力并不总是朝着同一个方向发展。自我保护的愿望会让人在行为上循规蹈矩（融入人群中，从人数优势中获益），而当人们希望吸引一个伴侣时，又想要让自己在人群中显得与众不同。因此，通过用不同的目标来吸引我们，营销人员能够左右我们去选择某种（可能更昂贵的）商品或服务，甚至购买同一产品的几种不同版本，每一款都能实现不同的进化目标。

我们只要稍微反省一下，就能够发现一些潜在的消费驱动因素。根据你现在对这些理论的了解，你想要这个商品的真正原因是什么？你购买产品的直接驱动力可能是什么？最终驱动力又可能是什么？你是否想通过购买商品向他人传递一些信号，如果是的话，你想要传递什么信号？

需要说明一点，这些问题的答案并不一定会指向一个结论，即你不应该买这件商品。只是在反思之后，你可能会发现你其实不想要这件商品，或者你想要的是别的东西。

与钱有关

其背景很

的决策，

重要。

第3课　虚假需求

"要是我的房子再大一些的话，我就会更开心。"这句话听起来很合理，但真的是这样吗？一般来说，我们并不擅长预测某些情况是否会让自己开心或不开心。意识到这一点很重要，因为我们可能花了钱，幸福感却没有得到提升——甚至还有可能适得其反。

一般来说，人们善于预测即将发生的变化会给自己带来的感觉。也就是说，我们能够判断晚上和朋友出去玩会让我们心情愉悦，而遭遇重大挫折会让我们感到痛苦。我们不擅长判断单一事件的重要性，以及这些未来的感受的持续时间。

我们往往会低估自己的适应速度。人们非常善于适应环境的变化，无论这种变化是积极的还是消极的。20世纪70年代，菲利普·布里克曼（Philip Brickman）及其同事在他们的研究中对这一情况进行了非常著名的阐释，他们发现，随着时间的推移，彩票中奖者对自身幸福感的评价与没有中奖的人相同。研究人员解释说，在积极或消极的事件发生后，人们很快就会适应新的生活方式，这或许是因为随后的日常生活与重大事件发生时的心潮澎湃相比会显得苍白无

锚定效应

专注于一个单一的事件，意味着我们容易忽视我们生活中的其他方面可能会受到这个变化的影响。它们可能一成不变，也可能变得更好或更糟，从而抵消变化带来的好处或坏处。或者它们只是会分散你对焦点事件的注意力。

力，而且我们已经习惯了自己的新常态（见第17课）。

许多研究人员试图发现，当我们有了"足够的"基本生活保障，还有什么东西能实实在在地让我们感到幸福。联合国可持续发展解决方案网络（SDSN）发现，在国家层面上，收入确实很重要，但其他重要因素也很重要，如健康（预期寿命）、困难时有

人可以依靠、慷慨、自由和对体制的信任。这些因素影响着我们对生活的整体满意度。据报道，在我们的日常情绪方面，较短的通勤时间、与朋友相处、规律的性生活和与老板的会议次数较少，都会使人感到快乐。我们将在第20课中学习一些具体方法，让你的钱能为你带来最大的幸福感。

误以为想要

很多时候，我们并不像自己想象的那样喜欢或不喜欢一个变化。如果我们不善于预测，谁能保证我们所努力争取来的就一定是最好的变化呢? 我们并不是事事都正确。弗吉尼亚大学和哈佛大学的教授蒂姆·威尔逊(Tim Wilson)和丹·吉尔伯特(Dan Gilbert)把这称为"误以为想要(miswanting)"。买一个更大的房子可能听起来是个好主意——"想象一下这么大的空间! 我一定会很开心!"——但你没有考虑到即便住上了大房子，仍然有账单需要支付，仍需要面对工作中讨厌的同事。过不了多久，更大的空间带给你的感受也就变成和正常大小的空间带给你的感受一样了，而快乐的感觉已经烟消云散了。

接受生活的好与坏

我们很难正确预测该如何应对自身情况的变化，但有一些方法可以让我们做得更好。

锚定效应让我们过分强调某一特定变化对自己生活的重要性，我们可以通过试着想象未来，无论是好是坏，来应对这一问题。具体来说，就是把精力放在未来生活的多个其他方面，而不仅仅只是发生改变的那一方面。通常情况下，我们生活中琐碎的事情会依然如故——仍然会有杂事要处理、有衣服要洗、仍然会与亲人吵架拌嘴。

这种方法被证明是有效的，威尔逊和他的同事让一些热爱体育的学生预测，如果他们的运动队在接下来的比赛中获胜或失败的话，自己的感受会如何。一半的学生还被要求记录他们在比赛当天可能要做的事情，如学习、吃饭或社交。因为这组学生脑子里想着当天的各种其他事件，所以他们预测比赛结果对自己的影响会小于另一组学生的预测，结果他们的预测是对的。

关于我们的反应会持续多长时间，请记住，无论是好是坏，一次性变化的影响可

无论是好是坏，一次性变化的影响是短暂的，因为我们会适应自身情况的变化。

能是短暂的。虽然我们会习惯于自身处境的变化，但这并不意味着我们应该沦为宿命论者，或者觉得为实现下一次晋升而努力是无用的。但我们确实有必要仔细考虑自己正在努力创造什么样的生活。与物质上的东西相比，体验更令人期待，并能保留在你的记忆中，所以其适应和失去乐趣的可能性较小。没有什么能比得上记忆中5年前你母亲做的那顿特别的饭菜，或者去年春天的那次意大利度假。

你打算搬家吗? 你需要权衡一下，是选择距离更远的大房子，还是更短的上下班通勤时间。选择更短的通勤时间本身就能提升幸福感，除此以外，节省下来的额外时间还可以用于享受其他社会活动，这些活动也可以改善我们的情绪。

最后，虽然拥有越来越多的钱不会让我们更快乐，但钱不够用确实会让我们不快乐。在设想和规划你的未来时，重要的是要存一笔随时可用的储蓄，以应对各种始料未及的事情。

第4课 不要为所有事情"明码标价"

假设你是一名政治家，你希望人们改变自己的行为——开始或停止做某件事。比方说，你希望人们不再爬树。你会采取什么方法来尝试实现这一目标？你可以非常客气地请求人们不要爬树；你可以使用禁令，将爬树列为非法行为；你甚至可以尝试教育人们，只要他们知道爬树的风险，就肯定会停止攀爬！

或者你可以用钱作为工具，对爬树的人进行罚款。你或许会认为，要想鼓励一个人做某件事情，就应该给他们经济奖励，而要制止一个人做某件事情，就应该让做这件事的代价更高。的确，这种方法在很多情况下是有效的。然而，金钱并不是激励或影响我们行为的唯一工具，甚至不算是最好的工具。

当金钱的因素掺杂其中时，会把原本的社会交往变成一种市场交易，有时会引发令人惊讶的连锁反应。行为科学家尤里·格尼茨（Uri Gneezy）和阿尔多·鲁斯蒂奇尼（Aldo Rustichini）想解决人们在托儿所接孩子时总是迟到的问题。他们花了20周的时间研究了以色列海法市10个托儿所家长接孩子的模式。在最初的几周里，他们收集数据以了解家长迟到的频率，然后，他们在一半的托儿所内采取了经济处罚的办法——父母每次接孩子迟到都要被罚款。

令人惊讶的是，研究人员发现，在实行了罚款的托儿所，迟到家长的人数反而有所增加。通常情况下，在社会交往中，如果你接孩子时迟到了，会被看作对老师的不尊重，所以迟到父母的代价是他们对违反社会规范的内疚和尴尬。但是，在引入罚款后，家长们为自己的迟到支付了实际的代价，从而免除了他们的负面情绪，而且这个代价足够低，以至于值得用它来换取额外的机动性。

于是研究人员停止了罚款。但是迟到的频率并没有恢复到罚款前的水平。也许家长们不再觉得有义务遵守社会交往中应有的礼节。或者说，罚款为父母提供了新的信息：低额的罚款可能意味着开办托儿所的成本也很低，而在之前父母们并不能真正确定这一点。在这种情况下，开办托儿所的成本是否真的很低，并不影响父母对这一事件的看法。

同样，用金钱来激励人们去做事，特别是当该活动被视为具有重要的社会意义时，反而会使人们的意愿降低。经济学家称之为"挤出效应"，在此效应中，经济上的好处降低了我们对社会义务、公民责任，甚至对做某事的乐趣或好奇心的内在感受。

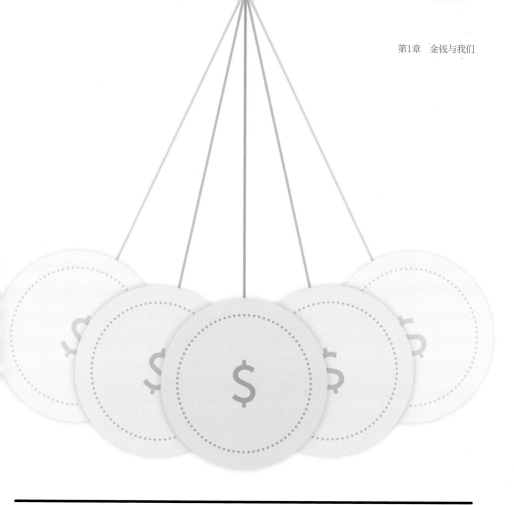

　　1997年，瑞士的一个研究小组想评估一个地区的人们对在该地区附近建造核电站的意愿。虽然在该地区建核电站有明显的弊端，但在调查时，超过一半的人表示了赞同。但是，当居民们被告知，如果核电站建成，他们将得到经济补偿时，支持率骤降至约25%。对一些人来说，经济补偿似乎意味着风险。毕竟，如果你要付钱给我让我做一件事，那么这件事或许真的有风险或许会令人不快。对另一些人来说，经济补偿的承诺抵消了他们的公民责任感，即虽然我不一定喜欢这件事，但它是公民应该做的。

价格标签的价格

当一种情况被货币化时，人们的反应不是纯粹的利润最大化，而是有一系列其他的考虑。

有关这一领域的研究很多，结果发现除了"挤出效应"和"信号效应"之外，我们还在意公平、互惠和利他主义。例如，格尼茨（Gneezy）和鲁斯蒂奇尼（Rustichini）发现，如果人们在一项任务中得到的报酬很少，他们可能会比什么都不给的情况下做得更糟；报酬使完成任务成了一项市场交易，但很低的报酬会被视为不公平。而当人们得到一笔意外的经济奖励时，往往会在自己工作时付出更多的努力来回报这一奖励，至少一开始会如此。

因此，尽管不可否认的是，金钱（价格、罚款、奖金）对我们有很大的影响，但将金钱与某个情况联系在一起，并不一定能保证你会得到你想要或期望的结果。不是所有的东西都应该有一个价格标签。为所有的事物定价可能导致我们错过更愉快、更有效或更公平的生活方式。

核电站的例子表明，外在的货币奖励可能会破坏人们愉快的感觉，例如，作为一名优秀公民的自豪感。因此，省略价格标签符合特征价格的基本原理：没有了价格标签，活动才可能会保留令人愉悦的内在奖励。

托儿所的例子说明，有时，不谈钱会使人们之间的协议或理解保持一定的模糊性。当人们通常在相互信任和合作的基础上工作时，这样的"不完全合同"可以使双方受益。而罚款的设置则带入了明确的信息，在这种情况下，父母对这些信息的利用让托儿所处于不利的位置。

但最重要的是，如果万事万物都被标定了价格，我们就不得不问这对公平有什么影响。哈佛大学教授迈克尔·桑德尔（Michael Sandel）深入研究了这个问题。从鸡毛蒜皮的小事（在机场付钱获得插队的优先权）到影响深远的大事（支付医疗费用），生活中越来越多的东西都有了附加的价格。在这种情况下，富人可以购买自己想要的东西来改善生活质量，而穷人则不能，从而进一步加剧了不平等。

因此，当我们思考如何与同事、客户或供应商合作时，当我们照顾家庭和与朋友社交时，值得反思的是，你对别人使用了哪些激励措施，对自己使用了哪些激励措施？我们希望这些互动什么时候是有价的，什么时候是无价的？我们经常被告知要选自己喜欢的事情作为自己的职业工作，但想一想，一旦你开始以自己的爱好为谋生手段时，你对这个爱好的喜爱会发生什么变化。

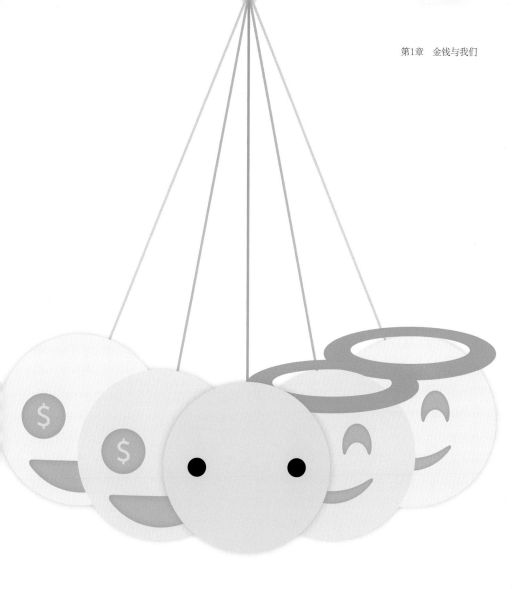

工具包

01

我们如何对待金钱：我们的感受、花钱的难易程度、钱对我们的象征意义，是由许多不同的因素决定的。背景很重要。我们过去的经历和当前的环境塑造了我们的财务决定。值得反思的问题是：金钱对你意味着什么？

02

我们对于不同物品的消费欲望是由我们的进化史和一些基本的冲动形成的，这些冲动是为了给别人留下好印象，保护家人和照顾自己。这可能表现为一些看起来令人费解的方式：开着福特汽车也能哪儿都去，为什么还要花那么多钱买一辆法拉利？牢记我们行为的7个最终驱动因素，可能有助于理解你自己的一些消费模式。

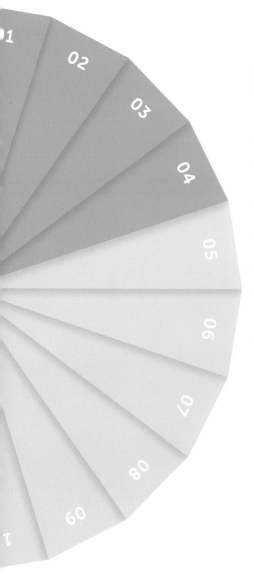

03

我们通常认识不到自己在情绪上对环境变化的适应力，无论这种变化是积极的还是消极的。因此，我们最终可能会"误以为想要"某些东西，并把钱花在了不能改善我们的财务健康状况或提升幸福感的地方。

04

钱是激励行为的工具之一，但肯定不是唯一的工具。当金钱被引入到一个情境中时，它会改变我们的反应方式，例如钱会"排挤"社会责任感或人们做好事时的美好感觉。我们应该问问什么时候对事物标定价格于社会有益，什么时候无益。

第2章

充满诱惑的消费

改善财务健康状况的一个关键步骤是把我们埋在沙子里的头抬起来。

财务健康的一个重要方面是能够在下一次发工资之前维持收支平衡。从支付房租或抵押贷款，到食品杂货、衣服和娱乐花费，有能力应付我们的日常开销是很重要的。

这个阶段的第一步是要清楚地了解我们的财务状况。在本章中，我们将探讨为什么深入研究银行报表，开始了解我们的财务状况会让人感到不安。然而，如果没有这些信息，就很难（即使并非不可能）确定如何才能更好地向前发展。因此，改善财务健康状况的一个关键步骤是把我们埋在沙子里的头抬起来。

我们所处的环境、支付费用的方式以及零售商向我们推销的方式是如何影响我们消费的？

金融工具一直在快速发展。我们不再需要依赖现金和支票，大多数人现在都可以使用各种高级的新技术，使支付成为举手之劳。但是，这种新兴的便利带来了什么后果呢？在使用现金时，我们必须亲手交出纸币和硬币，因此我们能真正感受到每次购买对我们产生的影响，而新技术的便利性消除了这种感受。

甚至在我们还没到结账柜台之前，商店就已经在引诱我们多花钱了。零售商（包括在线和实体零售商）使用一系列定价策略来影响我们的消费意愿，并从我们的钱包或借记卡、手机，甚至手表等可穿戴技术产品中哄骗出这些我们辛辛苦苦赚来的钱。

以上挑战只是众多因素中的一部分，当我们试图满足基本需求和维持生计时，这些因素就会发挥作用。

第5课　鸵鸟效应

尽管这种传说广为流传，但鸵鸟在努力避开大草原上的各种威胁的时候，实际上不会把头埋在沙子里。这些体型巨大的鸟把头探入地下，是为了把它们产下的蛋埋到洞里，以便保护。尽管事实如此，但因为之前的传说更容易打动人心，所以人们更容易相信这样的传说，即鸵鸟非常愚笨，认为如果自己看不到天敌，那么天敌也看不到自己。

思考一下：你是否曾为申请信用卡被拒而感到惊讶？是否曾逃避打开银行发来的账单或电子邮件？或许虽然你没有任何严重的不良金融问题，如透支或拖欠贷款，但你不清楚自己的账户里有多少钱，自己的信用卡余额是多少，或者自己积攒了多少财富。你并不孤单。荷兰国际集团（ING）的一项国际调查发现，每10个负债的人中就有1个不知道自己欠了多少钱，而且这里的个人债务还不包括抵押贷款债务。

这种心理现象被行为学家称为"鸵鸟效应"，是我们"保护"自己免受潜在的痛苦信息影响的一种行为方式，即使是那些资产丰厚的人也容易受此影响。人们查看自己的投资组合的频率，在其价值上升时高于其价值下降时。没有人会喜欢收到坏消息。

问题是，这种选择性的关注是虚假的保护，我们不打开信用卡账单并不意味着我们所欠的金额会奇迹般地消失。就像在鸵鸟看不见自己的捕食者时，捕食者仍然可以看到鸵鸟一样，即使我们自己选择忽视欠款，我们的债权人仍然知道我们欠他们的。此外，在一个更基本的层面上，把头埋在沙子里意味着缺乏信息。虽然听起来很轻松，但如果没有信息，你就无法评估自己的基本情况，无法知道自己是否正朝着正确的方向发展，是否暂时偏离了方向，是否正在滑向更深的财务困境。

简单地说，如果你不知道自己身处何方，就很难知道如何去改变方向。搞清楚自己的财务状况可以提升你的控制感，这是财务健康的一个重要方面。

勇敢面对

虽然现在这样做会很痛苦，但未来的你会感谢今天的你关注了自己的消费、储蓄、借贷和投资情况。虽然想要逃避令人痛苦的信息是人之常情，但我们可以采取一些方法来克服它。

一种方法是让所需的信息在实际上变得不可避免。与其靠自己去寻找信息，不如让信息来找你。查看一下你使用的银行都提供了什么服务，因为许多应用程序允许你自动接收账户余额或交易通知的提醒。

另一种方法是让查看信息成为一种习惯。当一件事成为习惯时，你就不会对其有太多的考虑，几乎就像你在自动驾驶一样。因此，如果你认识到自己容易受到鸵鸟效应的影响，可以考虑把面对自己的财务问题变成一种习惯。要做到这一点，要考虑到将其作为例行工作的触发因素和实现之后的自我奖励。

你可以设置一个信号，以提醒自己评估自己的财务状况。这个触发器可以是低科技的，也可以是高科技的，只要你喜欢就行。在手机上设置闹钟或提醒很方便，但即便是日历上的便利贴也可以。关键是要留出一个固定的时间来定期检查自己的财务情况。

需要查看什么取决于你自己的财务状况和个人情况。它可以包括任何事情，从检查自己是否透支，到重新评估退休投资组合中的资产配置。

最后，将这项工作与一个奖励捆绑在一起。根据凯瑟琳·米尔克曼（Katherine Milkman）及其同事的研究，让自己知道只有完成手头的任务后才能获得奖励，将有助于保持你的动力。重要的是，你选择的自我犒赏不会抵消你通过检查自己的财务状况而获得的收益。换句话说，自我奖励不应该花费太多。例如，在你完成这项例行公事之后，再去欣赏那部必看的电视剧的下一集。

重要的是既要检查我们的整体财务状况，也要查看我们的主要账户余额或应急资金。彼得·鲁伯顿（Peter Ruberton）及其同事发现，人们的活期账户余额是个人财务的一个特别重要的组成部分，事关他们对自己财务状况的感觉。研究人员发现，如果人们随时可用的资金较多，他们往往会更能感知到幸福（例如，更自信，更不会因为金钱的困扰而失眠）。活期账户余额是一个非常明显的数据，它很容易获取，并能与昨天或上周的余额进行比较。但对许多人来说，他们的账户余额只是许多金融产品中的一个，其他金融产品还包括学生贷款、储蓄账户、养老金、抵押贷款、汽车贷款、投资或床垫

提醒事项

○ 检查账户

○ 和山姆一起吃早午餐

○ 瑜伽

○ 干洗

＋

下的现金。流动性(容易支取的)财富对财务健康和总体幸福感固然很重要，但也不要忘记你财务中的其他组成部分。

正如我们所看到的，在许多情况下，对我们的财务状况给予更多关注是很好的一种做法。然而，对于投资者来说，他们可能更需要减少这方面的关注。过于频繁地查看自己的头寸[1](就像一只过度警惕的猫鼬)可能会造成诱惑，导致为了止损而在下跌时卖出。如果你的计划是进行长线投资，你或许应该减少你的检查频率，关注趋势而不是暂时的动荡。

全面了解自己的财务状况是掌控全局的一个重要方面。

---

①头寸：一个金融术语，指的是个人或实体持有或拥有的特定商品、证券、货币等的数量。——编者注

第6课　从现金到无现金

回想一下你买的最后一件东西：你是如何付款的？你用的是现金、银行卡、银行转账、礼品券还是其他方式？现在打开你的钱包，里面有多少现金？

这些问题的答案将取决于许多因素，特别是你自己的支付习惯，以及你能用到的支付工具和你生活的地方的社会规范。以瑞典为例：现金交易的总价值仅占所有交易价值的2%，这意味着当瑞典人确实需要使用现金时，大多是用于非常小额的支付。同样，一项针对近13000名欧洲人的国际调查发现，现金经常用于购买咖啡和零食，而非现金方式则用于支付较大的开支，如住房开支或电费。

随着世界上越来越多的金融交易不再使用现金，值得反思的是现金与非现金支付方式之间相对的优点和缺点。现金的优点是相对私密和接受范围广。现金的缺点是你必须从某个地方获得现金（提款机或银行）并随身携带，如果现金被盗，就不太可能找得回来。另一方面，非现金支付很方便，可以说更安全，但缺乏隐私性。

现金与非现金支付的另一个区别点比较特别。当我们用非现金方式支付时，我们失去了用现金支付时的视觉和触觉反馈——这种反馈改变了"付款的痛苦"和我们随后的消费行为。

一点没错！——根据布莱恩·克努森（Brian Knutson）教授及其同事的研究，人们购买昂贵商品时的购买体验实际上是痛苦的，他们发现当人们看到高价格会激活大脑的一个区域，而这个区域和人们经历厌恶或痛苦时的区域是同一个区域。在进行现金或非现金交易时，"付款的痛苦"是不同的。行为经济学家丹·艾瑞里（Dan Ariely）将这其中的原因解释为付款的显著性。更具体地说，付款的时机和使用的媒介都会影响我们将钱花出去的感受。对许多人而言，现金感觉比银行卡更像是真正的钱，因此花起来更痛苦。

现金在其他方面也影响着我们。例如，一张纸币是干净的还是破损的，也会影响我们将其花出去的可能性，因为我们喜欢将干净的纸币留下，而把破损的纸币花出去。甚至纸币的面值也会影响我们的消费方式——这在非现金支付的情况下不会发生，因为没有大面值需要被"破开"。

付款的痛苦

关于如何花钱的决定，不可能是坚持只用现金或完全不用现金的一揽子选择。有许多不同的因素在起作用，包括不断发展的数字支付工具和不断演变的社会规范。许多人可能还会继续使用许多不同类型的支付方式。

然而，作为一名知情的消费者，有必要牢记现金和非现金交易之间的差异，找到适合自己个人情况的支付方式，在支付的便利和消费的反馈之间获得平衡。

以信用卡为例，它们将付款与购买脱钩。我们今天在商店买东西，只有在一个月后收到账单时才付款（如果我们全额付清了之前的欠款的话）。这种延迟消除了我们在使用现金消费时得到的即时反馈，降低了付款的显著性。换句话说，用信用卡付款感觉不那么痛苦，因为它不是现金，而且我们的钱直到购买的记忆消失后才真正离开了我们的账户。

一些新产品正试图重新带入我们在使用非现金方式时错过的视觉和触觉反馈。伦敦的一家智库"皇家艺术协会"有一项长期的年度设计挑战赛，鼓励人们提交他们的设计来应对各种社会挑战。2017年的任务是"看好你的钱（Mind Your Money）"，其获奖作品之一大获成功，因为它将视觉反馈纳入了无现金支付的交易。大学生利亚姆·塔克伍

德（Liam Tuckwood）设计了一个可以内置于借记卡或信用卡中的功能。这个想法简单而有效。在卡的一角有一张人脸的素描，大约有拇指印大小。当你卡上的余额充足时，这张脸就会微笑；当余额不足时，这张脸就会皱眉。这一设计特别巧妙的是，在所有可用的视觉线索中，人脸（即使是非写实的）是如此容易被识别。事实上，我们对这一点如此敏感，以至于人们往往会在许多明显不是人类的地方"看出"人脸来。

银行和金融科技公司正在不断开发新的产品和服务，并优化他们的应用程序，为客户提供新的功能。他们可以利用付款的痛苦为我们带来一些好处，一些银行已经实现了一些功能，如带有触觉反馈的交易通知，帮助我们在享受无现金支付便利的同时保持对自己消费行为的关注。

为了减少"付款的痛苦"，这可能对那些觉得花钱很不愉快的人（第1课中的"吝啬鬼"）很有用，可以尝试对买的东西进行预先支付，这样支付就与消费脱钩了，并使用借记卡或转账的方式而不使用现金。为了增加"付款的痛苦"，这可能对"败家子"有用，以遏制过度消费，可以尝试反其道而行之。例如，使用现金进行消费，但如前文所述，这样会产生明显的不便。

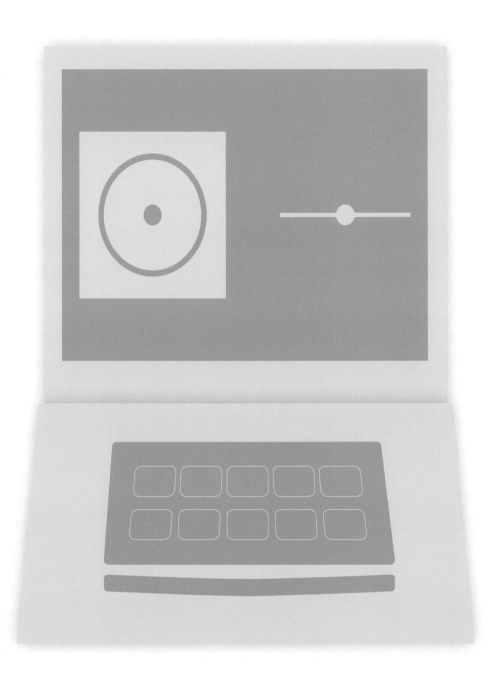

消费阻力
遏制过度

有助于
消费。

第7课　消费阻力的意义

就在昨天，我平常搭乘的公共交通被暂停了，于是我用手机叫了一辆出租车。鉴于这一天过得很漫长，而且天色已晚，所以在车上的时候，我下了一个外卖订单。我提前在街角的商店附近下了车，因为我需要为明早的早餐买些牛奶，我在付款机前挥动手机付了款。把牛奶放进冰箱后，我给我妹妹转了一些钱，用来买我们送给妈妈的礼物。然后我在沙发上坐下来，点了一集我最喜欢的放空大脑的情景喜剧。

在这段时间里，我甚至从未打开过我的钱包。我们所使用的应用程序使我们的日常支付变得无缝和轻松。许多人（消费者、技术开发者和银行）毫无疑问地视这种易用性为好处。毕竟，简单易用的东西总比复杂难用的东西要好，不是吗？随着支付方式和商业模式的发展，交易过程中的消费阻力被精心排除掉了，以至于我们现在对日常购买的速度和简单性有了心理预期。

但有没有一种可能，交易变得太容易了，导致我们开始了不需要的消费？以订阅为例：如果一家公司让订阅一项服务变得既容易又难以割舍，人们最终可能会为自己用不着的东西按月付款（例如成为健身房会员，大家有这样的经历吗？）。

是的，增加消费阻力会使一项活动变得过于困难，从而让人们望而却步。但是让人们放慢速度也是有益的，这样可以避免错误，防止人们由于某件事情过于轻松，而漫不经心地采取行动。更重要的是，放慢速度可以有助于抑制冲动性消费。这对任何花钱大手大脚的人来说都是有用的，对某些有心理健康问题的人来说更具有特殊价值，因为他们可能为了让自己感觉更好而狂热消费。无论是为了抑制冲动、购物成瘾还是其他弱点，人们可以在"冷静状态"下设置可选的限制或提醒，以便在"冲动状态"下（在某些商店，或在狂热消费期间）启动，这有助于防止消费账单的暴增，而这些消费不过是为了当下的一时痛快，事后可能会让人后悔不迭。

如今，支票本似乎已经过时了，但它代表着最终的消费阻力。虽然我们并不主张恢复使用支票本，但值得注意的是，使用支票可能会让你更好地掌握自己的财务状况，因为和使用信用卡相比，用数字和文字书写金额的行为可以帮助人们更准确地记住自己的支出。我们越是能准确地回忆起以前的消费，就越能更好地计划我们未来的消费。

租金 ＄

水费 ＄

与胡安共进晚餐 ＄

给妈妈的礼物 ＄

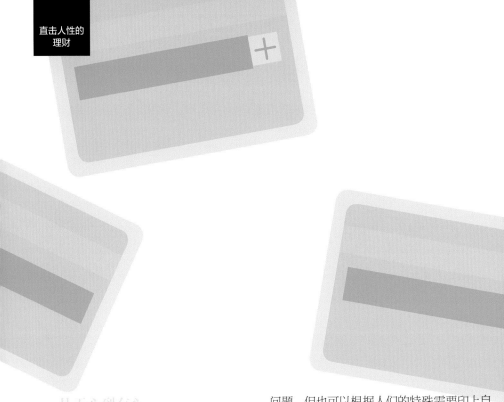

从无心到有心

虽然低消费阻力的交易是许多人所追求的，但人们有理由让它们变得不那么顺畅，让它们变得更困难一些。当然，人人都喜欢方便，但如果一件产品看起来轻而易举就能获得，不妨多考虑一下它是否是你的最佳选择。

在皇家艺术协会智库的学生设计奖中，我最喜欢的作品之一是一个特意设计的低科技作品：一块与借记卡同样大小的塑料套，可以套在借记卡上。塑料套上有4个滑块，每个滑块上都有一个问题，例如："这件东西的价格低于100英镑吗？""我昨天晚上睡得好吗？"卡片封面上会有一些预设的

问题，但也可以根据人们的特殊需要印上自己的问题。这个创意是，你必须把滑块移到"是"或"否"的位置，而且需要4个滑块都滑到"是"的位置，卡片才会被弹出，之后才能被插入自动取款机或读卡器中。

听起来有点过了？好吧，即使没有卡被锁在塑料套中的部分，仅仅是每次你想付款时需要回答这些问题，就可能有助于减缓交易进程，将其从简单和自动的交易变成一个需要三思的交易。换句话说，它可以让交易从无意识转向有意识。对于通过移动或数字设备进行的支付，也可以设置一个数字版的滑块，回答问题的任务可以引导消费者停下来思考即将进行的购买行为。

每次我们打算付款时，回答一些相关问题有助于将消费从无意识转向有意识。

应用程序也可以增加消费阻力，例如，通过让用户与屏幕的不同部位互动，使某些功能不那么明显，或者将操作变为滑动而不是点按，因为无意识的点按比无意识的滑动更容易。留心应用程序和网站的设计方式——卖家是否利用它让消费变得过于容易了。

如果人们仍然偏向于低消费阻力的选择，鉴于消费阻力的减少，记录支出就更加重要了。因此，请查询为你提供服务的银行在余额和交易通知方面提供了哪些服务，并参考本书第5课中关于如何避免成为鸵鸟的建议。

第8课　真实价值

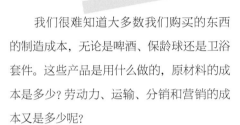

我们很难知道大多数我们购买的东西的制造成本，无论是啤酒、保龄球还是卫浴套件。这些产品是用什么做的，原材料的成本是多少？劳动力、运输、分销和营销的成本又是多少呢？

由于我们通常无法计算生产某样东西的成本，以便确定它的最低价格或公平价格是多少，也许价格理应反映产品的价值。但是，这也是一个难题。我们很难判断一样东西的绝对价值，所以只能根据它相对于其他产品或参照点的价值来判断。不确定某样东西的"真正"价值，意味着我们愿意为某样东西支付的价格往往是开放性的，而零售商则可以为他们的商品定价以获取利益。我们需要警惕锚定效应和诱饵效应这两种方法。

公司可以用价格来体现质量。"时代啤酒（Stella Artois[1]）"曾经在他们长期的广告活动中调侃说，自己的啤酒是"贵得让人安心"。而令人惊讶的是，对于价格更高的产品，我们可能不仅期望其质量会更好，而且实际体验也会更好。巴巴·希弗（Baba Shiv），齐夫·卡门（Ziv Carmon）和丹·艾瑞里的一项研究发现，价格很重要。半价购买一种声称有助于提高"精神敏锐度"的能量饮料的人，比付了全款的人解决的字谜更少，尽管对两组人来说这是完全一样的饮料。

---

① Stella Artois 是比利时最知名的一种窖藏啤酒，中文名为：时代啤酒。——编者注

锚定效应

在购买决定中，我们想到的第一个数字会作为我们愿意为一件物品支付多少钱的"锚"，即使这个"锚"完全没有任何依据。在一项研究中，研究人员向人们展示了从葡萄酒到电脑配件的一系列的商品。任务的第一部分，要求人们写出他们社会保险号码的最后两位数字，然后在前面加上一个美元符号。之后对每件商品，他们需要回答两个问题：一是他们是否会支付高于或低于这个完全任意和随机分配的金额；二是他们愿意为每件商品支付多少钱。尽管人们写下的数字不应该对他们的估价有任何影响，但研究人员发现事实却正是如此。令人难以置信的是，平均而言，社会保险号码末两位数字最大的人比数字最小的人愿意为产品付更多的钱。

诱饵效应

当两个产品难以比较时，也许是因为它们有许多不同的特性（例如不同的数码相机），或者只是因为两者之间有很大的差异（一本杂志的印刷版和数字版）。这时，在两者之间加入一个类似但比其中一个选项稍差的产品，就可以改变我们的偏好。相形见绌的"诱饵"产品突出了与其相比的产品的相对优势。丹·艾瑞里（Dan Ariely）解释道，是花59美元订阅在线杂志，还是花125美元订阅实体加在线杂志，人们对这两者的价值孰高孰低不会有很强的偏好，但当第三个选项，即125美元的纯实体杂志（显然比实体杂志与在线杂志相加的价值更低）被引入时，许多人都会选择二者的组合。零售商也可以利用去年的样品，以相同或更高的价格作为诱饵，以促进特定产品的销售。

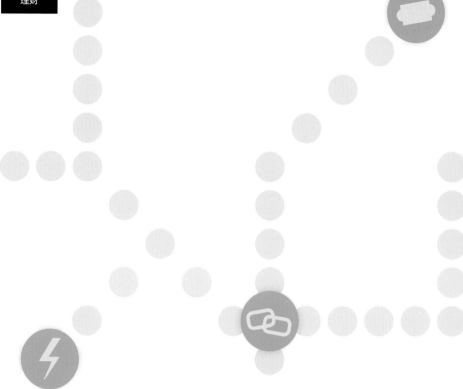

真实价值

日常生活中，我们面临着许多的购买决定。驾驭它们可能很棘手，不仅是因为数量众多，而且还因为我们事实上很难知道任何东西的真正价值。零售商可以利用这一点来谋取利润，而明白这一点是我们努力避免被巧妙的定价技巧所收割的第一步。

在比较产品时，考虑一下价格差异的机会成本或许有用。也就是说，你可以用买便宜的版本所省下的钱去买点别的什么，或者如果你买了更贵的版本，你需要放弃什么？如果我买了一件普通夹克而不是高级夹克，

省下的钱我还可以买一副手套，出去吃一顿好的，或者充实我的应急储蓄。这些权衡计算或许令人厌烦，却有助于审视一件物品的价值。

检查一下你自己是否受到了高价锚定的影响，例如，从很高的原价削减下来的实际售价。学会在谈判时利用锚定效应为自己争取优势——无论是在集市上讨价还价还是在换工作时争取更高的起薪。给出一个非常低（或高）的数字作为起始价，可能会影响对方的妥协意愿。

看看旁边还摆着哪些其他产品（无论是

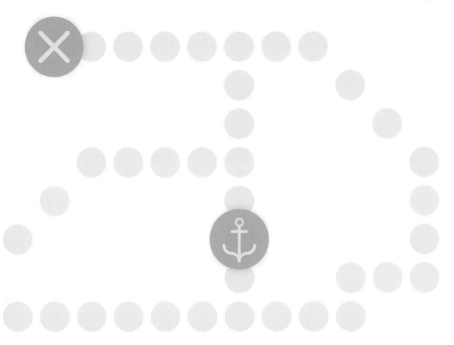

在实体店还是在网上），这些产品与你的选择毫无关系，要么是因为它们质量低劣，要么是因为它们贵得离谱。如果你能识别出这些诱饵，你就能忽略它们。虽然在奢侈品店里只逛不买似乎比较有趣，但值得思考的是，这些新的参照点是否会影响你的其他购物选择。

当然，零售商引诱我们花更多的钱的方式远不止于此。零售商会将产品捆绑销售，这使我们难以确定其中每件产品的单独价格，因此更难以与其他品牌或产品进行比较。当你面对一个捆绑产品时，多花点时间来计算一下，捆绑产品的价格是否真的比拆分出来的产品价格总和更划算。你是否真的需要捆绑销售中的每一件产品?

公司的定价可能会基于商品和服务的成本、一般认为的公平价格或他们认为能给客户带来的价值。但是，由于消费者感知到的价值是主观而开放的，零售商可以使用一些技巧，如锚定效应、捆绑销售或使用诱饵产品，来提高我们为自己的愿望和需求付款的意愿。

05

你的头埋在沙子里了吗? 人们都想逃避得知可能的坏消息。但不正视自己的财务状况,你就很难看到可以在哪些方面做出改变,也无法知道这些改变是否能产生有意义的影响。通过将这项工作与一些小奖励捆绑在一起,可以使关注自己的财务状况变得更简单易行。

06

现金、借记卡、银行转账、礼品券——这些支付方式都差不多,对吗? 错了。当我们用非现金方式支付时,我们会失去用现金支付时得到的重要反馈;现金可能会更让人感觉难以割舍。因此,随着技术的发展,我们开始用非现金方式支付时,可能会更容易花钱超出预算。找到对你来说兼具便利性和消费反馈的支付方法。

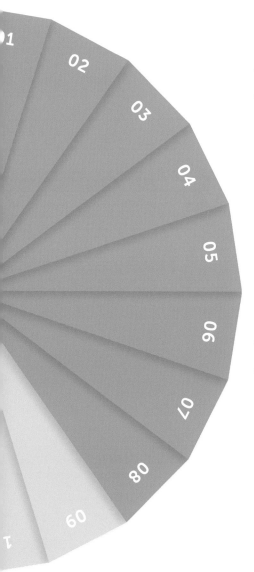

07

随着支付方式和商业模式，向着更方便、快捷和简单的方向发展，消费阻力被排除在了交易过程之外。许多人毫无疑问地认为这种易用性很好。但是，有没有可能交易太轻松，导致我们进行了不需要的消费？想一想你使用的应用程序，以及在交易过程中多一些消费阻力值得吗？当花钱很方便时，记录收入和支出对于掌握自己的财务状况就变得更加重要。

08

我们在生活中会面临数不清的购买决定，但我们很难知道任何一样东西的真正价值。我们考虑的不是产品的绝对价值，而是通过与其他产品的关系来判断产品的价值。用价格来代表质量，将我们锚定在高价位上，或者使用诱饵产品，这些都是卖家用来引诱我们多花钱的伎俩。

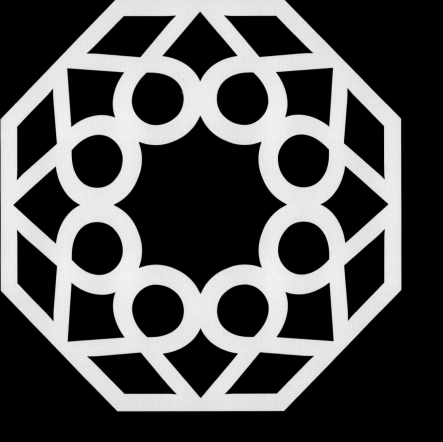

第3章

重要的应急资金

拥有一笔应急资金来应对紧急情况是至关重要的。一笔意外的开支可能会将一个人从"过得还不错"的状态推进充满压力和债务失控的泥潭。

没有人拥有可以预知未来的水晶球，所以我们永远无法确定明天将会面临什么。这就是为什么财务健康的一个关键组成部分是建立应对冲击的能力——无论这种冲击是出乎意料的费用（如修车费），还是收入的变化（如减薪或失业）。

拥有一笔应急资金来应对紧急情况是至关重要的。一笔意外的开支可能会将一个人从"过得还不错"的状态推进充满压力和债务失控的泥潭。正如前文所述，虽然财富会带来财富，但财务不安全也会带来不安全。

例如，在没有应急资金的情况下，人们可能很想使用发薪日贷款①或其他形式的短期信贷，如信用卡或透支服务，但随着利息的累积和逾期费用的产生，这将成为一个更加昂贵的选择。许多人借助于这类短期欠债，以备不时之需，而我们有一些可以非常规地偿还这些债务的方法。

当钱真的不够用时，有效地用钱对一个人认知的要求很高。它导致我们只关注眼前的财务问题，而没有什么时间来思考生活中

的其他机会。如果你在最后一刻被邀请参加你梦寐以求的工作面试，于是你需要找个临时替你看孩子的人，但是你的预算又十分紧张，没有多余的钱来支付给她，那么像这样简单的生活琐事，也会让你大费口舌。

虽然努力工作和天赋很重要，但有时生活是要靠运气的，所以有一笔可以随时使用的应急资金很重要。人们往往相当乐观，认为倒霉的事不会发生在自己身上，而且人们往往会过度自信，认为即使坏事发生了，自己也可以找到解决它们的方法。这些心态，虽然有其自身的好处，但如果我们真的时运不济遇上什么紧急情况，这可能会让我们措手不及。

始料未及的紧急开支或收入下降可能是引发财务恶性循环的触发器。当你生活得无比艰难时，处于匮乏的心态会使问题长期存在，这就充分说明了，为什么从乐观主义转为现实主义，并制订相应的计划以保持我们在财务上对这些意外的抵抗能力是如此重要。

①发薪日贷款：指的是一至两周的短期贷款，借款人承诺在自己发薪水后即偿还贷款。——编者注

第9课　运气在成功中的作用

虽然你不太可能是一个幸运的彩票赢家，但你肯定在生活中经历过走运的时候。运气，在这里的意思，不仅仅是指好运气，它也可能是坏运气，不幸的事情。两者都是完全不受你控制的。

运气在成功中发挥的作用比许多人通常认为的要更大。康奈尔大学教授罗伯特·弗兰克(Robert Frank)对此进行了深入研究，他发现这可能是因为人们往往会记住走霉运的例子，而不是行好运的例子，也可能是因为那些成功的人更容易把成功归功于自己的努力(因为这可以保护他们的自尊)，而不是把它归因于外部事件。一般来说，我们更愿意相信世界是公正和公平的，试图以此来理解生活的意义。这种对我们的顺境或逆境缺乏认识的现象，对我们的财务造成了有趣的影响。

当然，这并不意味着人们在财务上的成功纯粹是靠运气。弗兰克的观点是，努力工作和天赋也是必要的，但它们往往不是成功的充分条件。成功人士在日常生活中的决定和行动，以及他们培养自己激情的方式，无疑是他们成功的很大一部分因素。然而，其他人也在努力工作，培养自己的才能。但是，在越接近顶峰的地方，人与人之间的差距就越小，第一名和第二名之差往往取决于运气。在我们这个竞争激烈的全球化世界中，第二名和第一名之间的奖励差异往往有天壤之别，因此，人们也许比以前更容易感受到幸运带来的边际收益。

几个世纪前，要成为市场的赢家，你必须在自己的城镇、村庄或贸易网络中成为最好的。如今，你必须成为"最佳"的领域已经大大增加了。以床架销售为例，以前，运输如此沉重的商品需要费很大的力气，因此大多数人可能会在当地的家具制造商那里购买；现在，公司的销售范围遍布全球，而且商品几乎是立等可取。由于这个原因，第一名与第二名的差异，即好运或坏运气产生的结果被拉大了。

运气和特权之间的一个重要区别也值得我们注意。有些人很幸运，生来就有特权，他们在成长过程中拥有比别人更多的资源、更稳定的环境或就读于更好的学校。这当然为他们提供了人生的优势，遭遇更多的霉运可能会平衡这种优势，而遇上更多的好运则会放大这种优势。

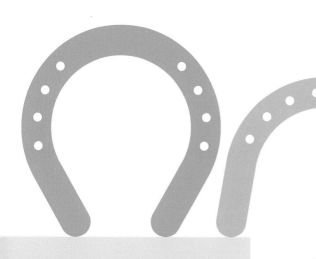

如果我们无法控制的力量确实发挥了如此大的作用，人们可能会说，对未来进行规划是没有意义的。谁知道明天会发生什么？但从另一个角度来看，正因为运气，无论好坏，都会影响我们的生活，所以我们既要为负面的可能性做好应对之计，又要采取更多积极行动，努力获得成功，例如付出努力和发展我们的技能。

准备好迎接运气

虽然，运气是不可控的，但你可以让自己做好准备。好运来临时，你将处于一个占优的位置，可以最大限度地利用这种运气。就像离开了土壤，种子就没用一样，如果我们耕耘好了生活的"土地"，并准备好播种，那么好运的"种子"就会产生最大影响。我们应该为利用好运而准备好正确的工具，而这一切的实现可能要靠努力工作、提高自己的技能以及在正确的时间出现在正确的地方。

第一步是思考我们的优势和劣势是什么。你已经很擅长某件事了吗？那么在此基础上你还可以变得更加出色，这样你就能术业有专攻。你在其他方面非常糟糕？想一想如何使自己在这些方面有所改善。你没有必要对此望而生畏。在一个较大的领域内掌握一项小的、可重复的任务就算是一个小小的胜利，它能激发你的动力，去尝试掌握其他相关的任务。这样一来，即使好运一时半会儿不会降临到你身上，你也能建立起你的技能基础。

我们应该意识到自己的成功，并为自己的成就感到自豪，但同时也要尽量谦虚地理解那些不受我们控制的因素所发挥的作用，这些因素一路上都在帮助我们。霍越洲（Yuezhou Huo）研究员设计的这个简单练习可能会对你有所帮助。挑选一个自己生活中你认为成功的方面，把它写下来，现在在对这一成功进行反思，并尝试找出帮助你取得这一成功的三个具体事件或不受你控制的力量。

这个思想实验有许多潜在的附带好处：慷慨、幸福，甚至可能还有更好的机会。研究发现，与那些把成功归功于自己的人相比，把成功归功于外部因素的人对他人更加慷慨。具体来说，他们把参与研究获得的收入更多地捐给了慈善机构。我们也要考虑到，通过反思自己之前的好运出现时有哪些周围的条件，这可能会帮你预测未来运气会在什么时间、什么地点"降临"到你头上。

弗兰克主张征收累进消费税，以抵消不幸对某些社会成员的不利影响。他主张不对人们的收入征税，而是对人们非必需品的消费征税，换句话说，就是对那些基本需求之外的商品和服务征税。你在这上面花的钱越多，税率就越高，因此，基本的房租不会被征税，但新的游艇会被征税。这种类型的税收能抑制奢侈消费，同时又不会损害到低消费人群。政府征收的税收可以用于基础设施建设，无论贫富，人人都可以享受到这些基础设施，例如更好的道路和学校。

就像种子不能没有土壤一样，
如果我们耕耘好了生活的"土地"，
并准备好播种，那么好运的"种子"
就会产生最大影响。

第10课 玫瑰色眼镜

当你想到自己的未来时，你的期望是什么? 总的来说，人们要么期望自己会一帆风顺，未来的自己会赚得更多，经济会蓬勃发展; 要么会猜测自己会境况不佳，自己或亲人会生病或失去工作。

如果你和大多数人看法一样，那未来看起来会很光明。我们的乐观主义让我们相信，美好的事情终会到来。因为种种原因，乐观是很重要的，但遗憾的是，仅仅因为我们相信并期望自己的未来是美好的，并不能保证我们美梦成真。而这正是我们对于乐观的偏爱可能遇到的问题。

研究人员使用一系列的方法来衡量人们乐观主义偏见的程度。例如，一些研究询问人们对未来事件的预期，然后记录这些事件实际上是否会发生以及发生时的情况。这可以是关于任何事情的预期，例如我们下一份工作的起薪，未来我们可以享受的假期或下个月可能发生的好事的数量。如果我们的期望值系统性地高于现实，这就是乐观主义偏见。

另一项研究将人们高估自己预期寿命的程度作为衡量乐观主义偏见的标准。调查对象需要回答"你认为自己会活多少岁?"这

个问题，然后研究人员曼朱·普里(Manju Puri)和大卫·罗宾逊(David Robinson)将人们回答的预期寿命与根据统计学计算的他们可能活到的年龄(考虑到人们不同的生活方式等因素)进行了对比。那些认为自己会活得比精算表预测的寿命还要长的人被认为是乐观的。

第19课），因为它让我们相信自己现在的努力在未来会得到回报。事实上，适度乐观的人会工作更长的时间，并期望自己的整体职业生涯会更长。

因此，财务健康要应对的问题不是适度乐观，而是极端乐观。过度乐观会让我们在生活走下坡路时毫无准备。普里和罗宾逊发现，极端乐观的人工作时间更少，储蓄也更少，并且在他们的财富中非流动性（不易支取的）资产所占比例更高。想必是，极端乐观主义者低估了自己遭遇负面事件的可能性，并预期一切都会好起来，所以保有一笔应急资金或能够快速获得一笔现金，对他们而言显得没有必要。

研究人员最近发现，人们通常会预计自己的收入和支出在未来都会增加，却会低估支出增加的程度，这种现象被乔纳森·伯曼（Jonathan Berman）及其同事称为"支出忽略"。同样，其他研究发现，人们往往会在偶尔的"特殊"支出上超支。其背后原因在于，因为这种支出被认为是特殊的，所以我们在考虑它们的时候是以具体情况为基础的，于是"就这一次"稍微超支似乎问题不大，但事实是，这些超支会积少成多。这种低估和透支的组合可能会让我们在未来手头拮据。

这项研究进一步区分了适度乐观主义者和极端乐观主义者，并有一些耐人寻味的发现。与适度的乐观主义相关的是一些积极的结果，从更好的健康状况，到离婚后更有可能再婚，再到更好的财务行为，如按时支付信用卡账单和进行更多的储蓄。乐观主义为我们发挥意志力奠定了坚实的基础（见

做最坏的打算，抱最好的希望

我们怎样才能纠正自己的乐观主义偏见呢？单纯了解一些事件的实际概率会有用吗？听起来很合理。然而，神经科学家塔利·沙罗特（Tali Sharot）测试了这种方法，发现我们非常排斥更新自己的观念。更确切地说，我们会有选择地更新自己的观念。当我们了解到的信息比我们预测的要好时，我们就会更新我们的观念，但当这些信息比我们预测的要差时（因此我们应该纠正自己的乐观情绪），我们就不怎么会更新我们的观念。看来，我们只想知道自己希望知道的信息。

虽然极端乐观主义在财务上是不明智的，但极端悲观主义似乎也是不可取的。一方面，一个人有可能节衣缩食几十年，错过了能让灵魂更充实的各种经历，却被某次不幸的意外所击倒；而另一方面，一个人也完全有可能过着享乐主义和及时行乐的生活，挥霍金钱，没有为未来的技能进行投资，然后还特别长寿，以致到了晚年却无法工作，也没有积蓄可以依靠。人们对未来的财务状况往往会被描绘成这样两种极端，而现实情况可能会是介于两者之间。

生活中充满了风险和不确定性，事情的发生和机遇的出现是我们无法预见的。因此，当我们做财务规划时，每个人都需要找到对自己来说最合适的乐观与悲观之间的平衡点。

鉴于适度乐观所带来的诸多好处，保持相对乐观的前景预期似乎是不错的做法，同时也要为可能出现的意外做好准备。

诺贝尔奖获得者、心理学家丹尼尔·卡尼曼（Daniel Kahneman）所推崇的一种技巧是事前预防。这个实验让你想象自己的项目、财务或生活遭遇了重大变故。结果如何？当你想象这幅景象时，它促使你思考可以做些什么来预防这种情况或减轻其后果。

如果这种可怕的情景想象式规划不适合你，在一个不那么具有生存威胁的层面上，还有一个简单的经验法则，你可以审查你明年的预算，将你预计的任何支出纳入其中，并额外增加一些。这个方法可以纠正我们经常出现支出忽略的情况。检查你是否有足够的储蓄来应急，并考虑有哪些保险适合你。

也许诀窍就是为最坏的情况而未雨绸缪，同时允许自己乐观地相信它不会发生。俗话说得好："抱最好的期望，做最坏的打算，并准备接受意外的惊喜。"

过去

未来

意外在所

你在财务

好了应对

难免。

上是否做

的准备？

第11课　注意力税

几年前，电视上有一个广告，广告里有一群人在球场上打篮球，旁边有一个简单的问题：篮球被传了多少次？我仔细地数了每一次传球，对自己的答案感到非常自信。但是广告并没有公布正确的数字，而是问道："你看到那个穿裙子的女人了吗？"比赛中，有一个从头到脚都穿着滑稽服装的人径直走过了球场，而我竟然丝毫没有注意到这一幕。

因为我们的注意力是有限的，当我们需要把头脑空间用于财务管理时，就很难保持足够的注意力来处理生活中其他的重要决定。

要想象这种局限性，你可以将自己的预算比作一个行李箱，而将自己的支出比作需要装入的东西。如果你有一个非常大的行李箱（很多钱），行李箱里面的空间非常充裕，相当轻松地就可以把你的东西都装进去（你的支出）。但如果行李箱很小或你要装的东西很多，这就成了一个难题，决策过程也会变得更加复杂。现在，你要不要带人字拖，不仅取决于你认为自己需不需要它们，还取决于你要舍弃别的什么东西来为它们腾出空间。这些权衡决定对认知的要求很高，它们

需要很大的头脑空间，行为科学家森德希尔·穆莱纳桑（Sendhil Mullainathan）和埃尔德·沙菲尔（Eldar Shafir）将其称为"认知带宽"。

穆莱纳桑、沙菲尔和他们的同事对这个话题进行了广泛的研究。他们发现，在匮乏时期，当人们没有多少钱时，他们往往会将注意力几乎完全集中在手头的事务上。虽然这样做可能有一些好处，但它也可能使问题恶化，形成恶性循环。因为在资金紧张的时候，人们会把认知带宽全部用于艰难的取舍，留给其他重要决定的头脑空间就会减少。

例如，他们发现，农民在甘蔗收割前，即资金短缺时，在流体智力（解决问题和推理能力）测试中的得分会低于甘蔗收割后，即富裕时期。测试得分的差异大约相当于13个智商点，或一个晚上的睡眠时间，这表明遭受经济困难会让我们付出"精神税"。这意味着，在我们最需要帮助的时候，也是我们最难摆脱财务危机的时候。

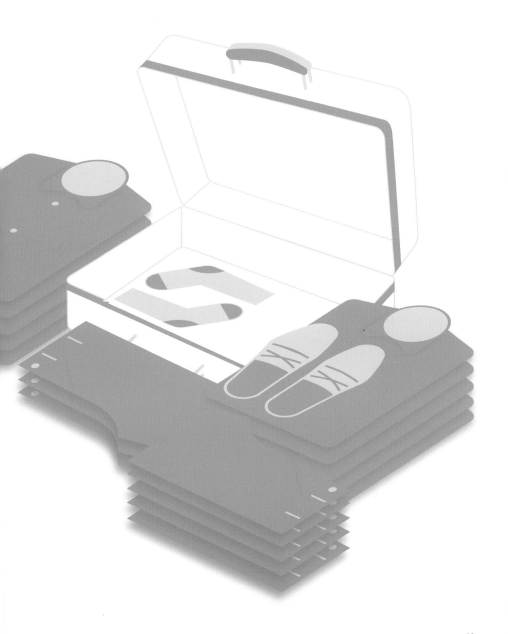

创造头脑空间

据报道，美国总统巴拉克·奥巴马（Barack Obama）在整个任期内只从两套不同的西装中选一套来穿，因为他不想在有更重要的决定要做的时候，把宝贵的脑力用在决定穿什么衣服上。那么，当我们发现自己没有足够的头脑空间来做出好的决定时，我们可以做些什么来简化我们的生活呢？

在做困难决定时寻求帮助，或找到补充我们注意力的方法或许有用。例如，尝试从信任的人那里获得关于某个决定的不同意见。如果你不急于决定，就睡一晚上再说。如果你能换个时间再做决定，那就等到你不太局促的时候，或没有被其他决定淹没的时候再说。我们生活的这个时代，人们比以往任何时候都更期望能快速得到答案，但一封未发送的电子邮件或许会发挥惊人的作用。

穆莱纳桑和沙菲尔建议，各种组织机构可以在许多方面让人们的生活更轻松一些。例如，他们可以优化产品或流程的设计，使默认选项成为许多人的首选。行为科学研究表明，我们倾向于维持现状，而且令人难以置信的是，即使我们知道默认设置是随机决定的，也不会改变我们的倾向。鉴于默认选择对人们行为的影响，在这些情况下，将默认选择对人们的不利影响降到最低，而不是将某些人的利益最大化，这一点尤为重要。

此外，公司可以提供免费的支持服务，以减轻人们对其注意力的竞争性需求——例如，为员工提供托儿所服务。

当然，要改变组织并非易事。我们可以利用手中的投票权来支持合理的政策，也可以利用自己的专业力量来推动工作场所的改变，为客户和员工改进相关流程。关键是要理解你的产品和服务的用户的想法，营造一个最适合人们有限认知带宽的环境。

虽然这个问题的自我强化性质使它变得十分棘手，但它的确凸显了储备一些容易支取的应急储蓄的好处，尤其是在你的支出逐渐超出你的可用余额的情况下。

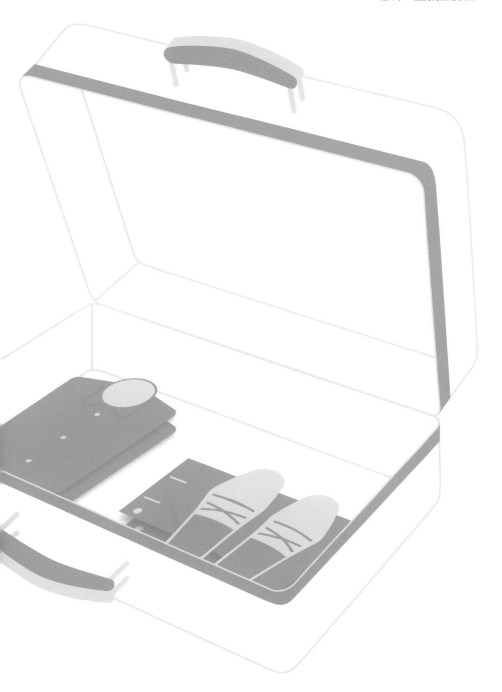

第12课　科学处理债务问题

信用卡、个人贷款、透支，甚至朋友的帮助。这些都会使一个人的债务累积起来。由于有许多不同的债务需要处理，人们应该如何去偿还所有的债务？哪些债务应该优先处理？

从数学上看，答案很明显：先偿还所有最低限度的款项，然后偿还利息最高的债务。

然而，人类并不总是以科学理性的方式行事，在偿还债务方面当然也是如此。有时，即使我们有可用的钱（比如在储蓄账户中），我们也不会用它来偿还债务，即使利息费用会使我们为任何未偿的债务付出高昂的代价。有时候，我们没有去偿还利息最昂贵的债务，反而选择偿还利息最低的债务，或者每个债务都只偿还其中一部分。我们使用信用卡时，突出显示的最低还款额，实际上会造成我们偿还更少的欠款，若非如此，我们本来可以偿得更多。让我们逐一审视一下这些情况。

同时持有储蓄和债务

一个人同时持有储蓄和债务的成本可能很高，因为存款的利息几乎总是低于债务的利息。换句话说，债务会让你付出得更

多，而且债务利息增长速度会比你存款收益的增长速度快。经济学家把同时拥有债务和足够的流动资产称为共同持有，尽管这样做的支出更高，但美国和英国的研究人员发现，许多人都是这样做的。行为经济学家约翰·盖瑟古德（John Gathergood）和约尔格·韦伯（Joerg Weber）发现，在英国接受调查的家庭中，大约有12%的家庭存在共同持有的情况，这造成每年大约650英镑的额外利息费用。请注意，这种额外的花费是完全不必要的，因为如果他们把钱用来偿还了债务，就可以避免这笔费用的产生。

偿还债务

当我们真的要偿还债务时，有时人们

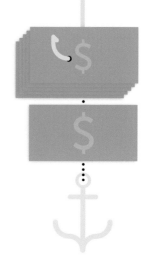

不会先偿还最昂贵的债务，而是会采取一些其他做法。例如，研究人员发现，有些人先偿还金额最小的债务，而没有考虑利率的问题，这显然是为了减少未偿债务的数量。这种做法，有时被称为滚雪球，意味着虽然有多笔债务的人可能在精简债务的笔数，但他们并没有尽快偿还他们的债务总额，由于这种低效的偿债方式而产生了额外的利息费用。

其他做法包括为了降低超过信用额度的风险，而选择偿还信用额度最低的债务，或为未来的大额消费"创造空间"，而选择偿还信用额度最高的债务；另一种做法是对所有债务偿还同等份额；还有一种做法是平衡匹配，即按信用卡余额的相同比例偿还信用卡债务。

迷恋最低还款额

想一想常见的信用卡账单。通常情况下，总还款额和最低还款额都是重要的信息，所以它们会吸引我们的注意力。行为学家尼尔·斯图尔特（Neil Stewart）发现，一些人对最低还款额产生了依赖（见第4课），或者说产生了心理迷恋。最低还款额相对金额较低，造成我们的还款金额小于还款能力允许的范围，因此造成总体上更高的利息费用。

不同的债务偿还策略有不同的好处。有些能带来财务收益，有些可能会带来激励收益。

更轻松还是更便宜

以这些非常规的方式来偿还我们的债务有什么好处吗? 还是所有这些方法都只不过是"错误"而已?

同时持有储蓄和债务

同时持有储蓄和债务的人并不傻。盖瑟古德和韦伯发现，他们研究的同时持有储蓄和债务的人都具有一定的财务知识，并且有很高的受教育水平。不过，事实上，一些同时持有储蓄和债务的人报告说，他们在消费时的冲动性比一般人高。因此，与其说这是一个错误，不如说是一些人将同时持有储蓄和债务作为抑制自己消费冲动的一种方式。有些人可能故意不去动用储蓄，因为一旦打开存钱罐（不管是比喻意义上的还是实际上的），钱就会很容易花光。在这种情况下，高额的借贷成本或许实际上是有益的，因为它对冲动消费是一种特别痛苦的威慑。

当然，即使没有这种限制消费行为的辅助，人们也应该有充分的理由保留一些流动性储蓄作为预防措施。因为有些费用无法用信用卡支付，所以有必要准备一些方便取用的现金。

如果你是同时持有储蓄和债务的人，思考一下什么样的预防性储蓄最适合自己，并反思一下，为了控制自己的消费冲动，是否值得付出这样的代价。如果你的答案是肯定的，那么在拥有高息债务的情况下保持流动资产余额或许是恰当的做法。或者，你也可以考虑一下，能用什么其他的承诺机制来帮助自己抑制冲动消费，这样你就可以避免不断增加的利息费用。

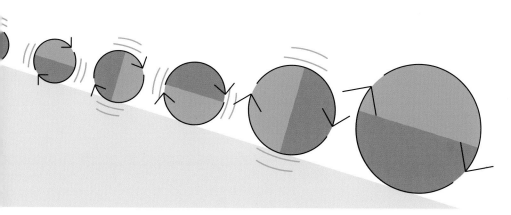

债务雪球

为什么人们会"滚雪球"式地偿还债务，选择优先偿还最小的债务？这或许是因为人们没有完全理解这样做的成本，低估了复利的影响。当研究人员莫蒂·阿玛尔（Moty Amar）和他的同事向研究参与者展示了在债务过程中产生的以美元计算的利息费用（而不仅仅是百分比）之后，参与者更有可能开始偿还利息最高的债务。

债务雪球，虽然在财务上不是最优选择，但也可能对人们的心理和认知有好处。有些人可能会发现，将一个更大、更抽象的目标（如无债一身轻）分割成更小、更具体的目标会更有动力。因此，通过实现一个小目标（如将一张特定的信用卡销户），人们会发现更容易向大目标迈进。减少债务的数量可能会给人们带来一些认知上的好处，因为这样做可以减少对多种还款结构和多个还款到期日的记录。减少复杂性可以释放大脑带宽，然后将其分配给其他财务上更有效的任务。

首先，了解条款

首先应该仔细检查你的债务成本和还款条件，确保自己心中有数。考虑利率按真实货币计算后的金额是多少，确保自己清楚借贷的实际成本。弄清楚你所还的钱中有多少是本金（最初的借款金额），有多少是借款的成本。

重要的是，如果你希望计算的结果对自己有利，你最好的选择可能是先偿还最庞大的债务。如果所有债务的利率都一样，或者如果你在偿还债务的动力方面有困难，那么债务雪球法可能会适合你。

工具包

09

运气在成功中所发挥的作用往往比我们认为的要大，这可能是因为人们更愿意相信，自己的成功是通过努力实现的。为自己创造好条件，万一你能得到好运的眷顾，便能够准备好最大限度地利用这种幸运。

10

乐观主义的好处很多，从激励我们早上起床，到帮助我们发挥必要的意志力，抵制诱惑，以求未来获得更好的结果。但是，乐观主义也会有坏处，尤其是当意料之外的不幸，如失去工作、家中失窃或未来开支增加，使我们毫无准备时。我们无法预测未来，但我们可以选择基于以上情景来规划我们的财务。事前预防，即考虑可能出问题的情况和预防手段，并拥有足够的应急资金，可能会对你有帮助。

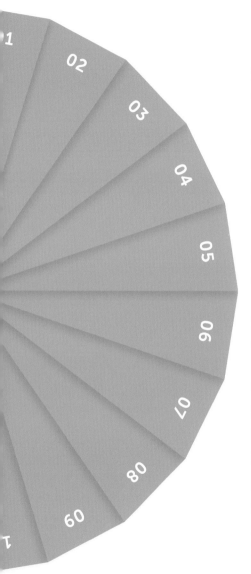

11

　　资金紧张会使匮乏的状况长期存在。从好的方面来说，有严格的资金限制可以让思维更专注；但从坏的方面来说，精打细算对一个人认知的要求是非常高的，这种对我们头脑空间的要求挤掉了我们做出符合我们自身利益的决定的能力。我们所使用的金融机构可以而且应该简化其流程，以帮助我们专注于关键的财务决策。

12

　　许多人借助于信用卡或其他短期债务以备不时之需。如果一个人有多笔债务，那么还款的顺序对他最终支付的利息有很大影响，次优的还款方式可能会代价高昂。同时拥有债务和储蓄看似很矛盾（为什么不直接用储蓄来偿还债务呢？），但这种做法可能有一些预防性好处（获得资金流动性）和心理上的好处（控制消费冲动）。

第4章

长期规划

长期规划既至关重要又非常复杂。它往往意味着为不确定的回报做出取舍和投资。

当你畅想自己的未来时，你看到了什么？为自己的人生做长期规划时，需要考虑许多重大决定：住房、人际关系、家庭、供养他人、教育、提高技能、旅行、探险、工作、职业发展和退休等。虽然在这些决定中，钱不是唯一的考虑因素，但这些选择所需的资金从何而来却是始终需要考虑的一个方面。

那么，你未来所需的资金将从何而来呢？

剧透警告：不好意思，你买彩票可能不会中奖，我也不会。不过，做一做中奖梦也很有意思，在本章中，我们将探讨为什么许多人会禁不住想要买彩票。

不管彩票能不能中奖，我们最终都会退休，所以稳妥的做法是为退休做好准备。在与友人的交谈中我意识到，虽然我们不觉得自己变老了，但我们都清楚自己已不再年轻，而且为退休存钱这件事我们都开始得太晚了。许多人也处于同样的境地。这可能是因为当一件事情在心理上让我们感觉很遥远的时候，会让我们缺乏动力去为之而努力。因此，从"某一天"开始退休储蓄计划的美好愿望被无限期地推迟了。

虽然我们可以使用一些策略来让自己及时醒悟，采取行动，但社会系统确实也有可以改进的方面。也就是说，政府和企业经营者们可以设计一些结构，让这件事不那么依赖于个人的美好愿望，而是更多地依赖人类天性的实际运作方式。行为科学家将这样的结构称为体验的"选择架构"。当选择架构发生变化时，我们相应的行为也往往会发生变化。更具体地说，在本章中，我们将了解企业经营者可以做些什么来帮助我们为未来的退休生活储蓄更多资金。

许多重大决定都有一个奇怪的特点，即它们都具有长期的后果影响，所以很难马上知道我们是否做出了一个正确的选择。通常情况下，我们必须做出某种直接的牺牲或投资，才能换取在未来某个时候才会产生的收益。因此，当我们要在现在和未来之间权衡利弊时，自己生活的稳定程度就很重要了。毕竟，眼前的牺牲是实实在在的，但未来的回报只是一种预期，而且如果处于一个不稳定的环境之中，我们的预期回报能否实现就更加不确定了。

类似这种现在与未来的权衡取舍是长期规划的一个标志性特征，因此，更全面深入地了解我们对于财务健康的构成这一部分的思考，是帮助建立我们期待的未来财务状况的关键。

第13课　彩票的秘密

2017年8月，英国一个小镇的一名妇女得知，她所购买的价值40英镑的彩票，赢得了一座价值845000英镑的乡村庄园，这座庄园仅卧室就有6间。同一周，美国的一名妇女赢得了758700000美元的强力球大奖。

很难想象这样的金额换成一沓沓纸币的情景，但想象一下这样的财富可以让你拥有的生活方式，是一个很有意思的思想实验。有人会说，买彩票就是为实现梦想的机会买单。然而，既然中奖的概率非常小，那么为什么还会有人愿意买彩票呢？

诺贝尔奖获得者心理学家卡尼曼（Kahneman）和他已故的合作者阿莫斯·特维斯基（Amos Tversky）的研究表明，人们往往会过度重视小概率事件。当概率为100％或0％时，某件事便肯定会发生或肯定不会发生，概无例外；但当概率略

低于100％或略高于0％时，我们便很难认识到某件事的确定性有多大。也许，只是也许，我们会成为规则的例外，成为那0.000001％或类似的极低概率的幸运儿。

有意思的是，一旦你买了一张彩票，一些其他的心理现象就会开始生效，使你真的想保留那张特定的彩票。大多数人都不想把自己的彩票卖给别人，哪怕给更多的钱也不行。部分原因是，一旦我们拥有了某样东西，我们就会对它有更多的依恋，于是倾向于期望得到比我们购买时所付出的更多的钱。用经济学的说法，我们的接受意愿超过了我们的支付意愿。如果我们是"理性的"，也就是说，如果我们的行为都符合许多传统经济学理论的预期，那么，为某物索要我们愿意支付的更多的钱，就显得毫无道理。但我们并不是那样的理性，我们都是凡人。

一旦某样东西属于了我们，我们往往会主观地认为它比不属于我们时更有价值。

我们倾向于持有自己的彩票，还有一个原因是将其作为一种先发制人的措施，以避免日后后悔。后悔是一种难受的感觉，所以我们会自然地，甚至是下意识地试图避免后悔。马塞尔·泽伦伯格（Marcel Zeelenberg）和里克·彼得斯（Rik Pieters）发现，早知道自己可能会中奖却没买彩票，会让人们感到更加心痛，例如，彩票中奖号码正好是你家的邮政编码。在传统的彩票购买方式中，你可以自己选择号码或使用随机分配的号码，你不知道你是否会中奖——当然，除非你总是选择同一组号码（你的幸运组合）或者你和别人组队购买。

想一想2011年纽约的一名互联网技术工作者，有一周在办公室集体买彩票时，他没有参加，然而就在那周，他的同事赢得了3.19亿美元大奖，这意味着他一次就错过了1600万美元的分成。他现在一定追悔莫及。没有人想体验这种感觉。所以，如果有人提出要买走我们手里的彩票，很多人都不太可能同意。

花钱做梦

如果建议所有人都不应该买彩票，那就太虚伪了，因为我自己也喜欢时不时地买一张彩票。

一方面，有很多理由可以证明买彩票不是明智之举。根据彩票的性质，中奖概率是如此之小，以至于在头脑清醒的情况下，认为购买彩票是有意义的想法都是可笑的。研究自己中奖的概率是一件无聊的事，这会让你失去一些购买彩票的乐趣，但它可能会有助于你坚定自己几乎肯定不会中奖的想法。

而且，即便你真的中奖了，你也不清楚由此引发的生活方式的改变是否真的会对自己的幸福程度产生持续的长期影响。正如本书第3课所探讨的那样，我们往往会指望某个单一的事件会对我们未来的幸福产生巨大的影响，而忽略了许多其他需要我们关注的因素。

与其每周花2英镑买一张彩票，倒不如把钱自动转入储蓄账户。假设即使存款利率为0%，到了年底，这104英镑也会成为一种享受——诚然，这比不上700万美元能给生活带来的改变，但也不失为一种乐趣。把账户里的这笔钱转到下一年，并假设有1%的复利，15年后，就会变成1674英镑。把它放入一个平均回报率为7%的优秀的指数基金中，这笔钱可能会变成2613英镑。虽然你必须要考虑税收和通货膨胀的影响，但是把钱存起来仍然可能是你的首选，而不是拿去买彩票。

另一方面，只要你花在买彩票上的钱足够少，它就不会有损于自己的财务状况。这也可以看作是为避免后悔而付出的代价。你必须全身心投入才能赢得比赛。

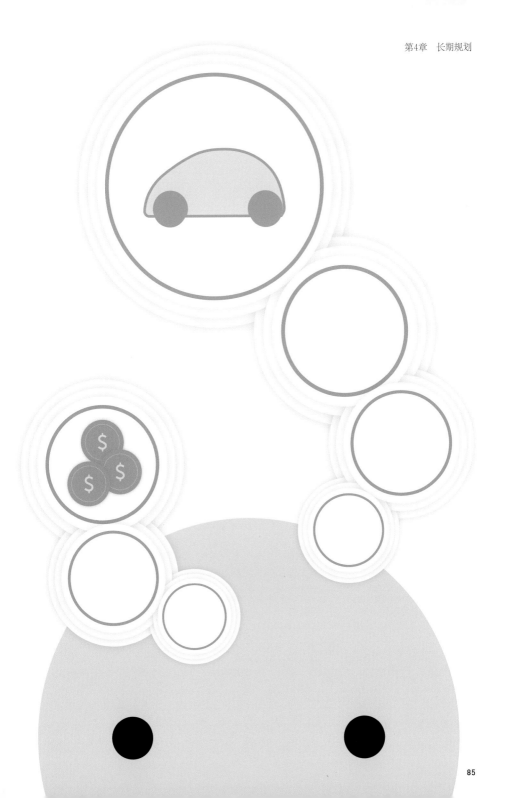

第14课　建立信任和长期心态

下面哪一种选择更好: 一只抓在手里的鸟, 还是两只在灌木丛中的鸟? 现在马上吃一个棉花糖, 还是等一等就可以吃两个棉花糖?

放弃眼前的快乐以换取以后更大收益的能力, 是应对我们生活中各个领域中许多重大挑战时应遵循的基本原则。我们需要投资当下, 无论这是否意味着放弃消费、安逸、看电视的时间, 以便在未来获得一些好处。

这种面向未来的行为, 传统上被认为是发挥自制力的结果(见第19课)。在一项现已成为经典的研究中, 心理学家沃尔特·米歇尔(Walter Mischel)的研究小组给孩子们一个棉花糖(或其他食物), 并解释说, 他们可以选择现在吃掉这个棉花糖, 或者选择等一等, 然后可以吃两个棉花糖。一些孩子会努力抵制棉花糖的美味诱惑, 而另一些则会屈服于诱惑。

在后续研究中, 研究人员发现这种延迟满足的能力与人们日后生活中的积极结果之间存在着关联。那些忍住诱惑等待两个棉花糖的孩子往往会有更好的发展, 例如更多的财富、更好的教育、较低的犯罪率和较低的药物滥用率。因此, 可以想象, 研究人员

一直试图破解自制力的秘密, 以解锁这些未来的好处。但事实证明, 自制力只是整个问题的一部分而已。

如果你不确定未来的奖励(两个棉花糖)会不会实现, 又会怎样呢? 那么问题就不是该享受现在小的奖励还是该享受未来大的奖励, 而是变成了另一个完全不同的问题: 是选择当下实实在在的享受, 还是选择未来"有可能"的享受?

塞莱斯特·基德(Celeste Kidd)和他的同事决定通过修改棉花糖实验来测试这一点。在改进了的实验中, 研究人员首先让孩子们参与一项诱饵任务——用桌子上普通的美术用品来装饰一张纸。所有的孩子都被告知, 如果他们再坚持一会儿, 大人会去为他们拿一些更好的手工制品。接下来实验就开始了。对于一半的孩子来说, 研究人员确实拿来了更好的美术用品, 这是为了显示承诺的可靠性; 反过来, 对另一半孩子来说, 研究人员空手而归, 并向孩子道歉, 说他们弄错了, 这当然是为了证明承诺的不可靠性。然后, 所有的孩子都需要面对对棉花糖的取舍, 即选择当下的一个棉花糖, 还是一会儿的两个棉花糖。

结果很值得深思。体验过不可靠承诺

的孩子们平均只等了3分钟多一点的时间便选择了吃一个棉花糖，14个孩子中只有1个等满了时间，得到了两个棉花糖。另一方面，在那些如愿拿到了较好的美术用品的孩子中，这组孩子的平均等待时间约为12分钟，14个孩子中竟然有9个坚持到了能得到两个棉花糖的时间。这个实验表明，自制力并不是他们是否愿意忍耐以获得更大奖励的唯一决定因素。相信研究人员会兑现她的承诺，这极大地影响了孩子们对挑战的反应。

因此，一鸟在手是否比二鸟在林更好，部分取决于你是否有信心等你到达时鸟儿还在那里。

建立信任

这项研究结果的变化也许在我们的意料之中。想一想我们的日常互动，很明显，每次我们付款买东西时都是基于对陌生人的信任。要使我们相信那些面向未来的行为符合自己的最佳利益，与我们有往来的人、公司、企业经营者和政府必须值得我们信任，而且形势需要足够可靠，我们才会相信，未来实现的结果会比之前承诺的更好。

这项研究也突出了财务拮据可能造成的恶性循环。没有足够的钱来维持生计会加剧未来承诺的不可靠性和不稳定性，这反过来又助长了短期效益主义，妨碍了人们做长期规划的意愿。如果每个月的房租都难以支付，而且有被房东驱逐的威胁，这样的不可靠和不稳定会如何影响我们的选择？

在一个推崇季度业绩、短期目标和循环政治周期的时代，长期规划的重要性可能会被低估。然而，对于金融机构甚至政府来说，最重要的是建立信任，并让大众对其系统的可靠性保持信心。在这方面，许多银行承诺一定数额的保证金的做法确实有助于确保最低限额的可靠性。与此同时，金融机构办事最好能有足够的透明度，让人们放心，觉得他们一直是在为客户服务。

虽然与我们往来的机构有责任让我们对其保持信任感，但我们也可以做一些事情来帮助自己做出符合自己最佳利益的决定。

一个做法是努力了解实际的时间期限。即使有些回报在规模和时间上无法确定，但对可能的回报有更好的了解，有助于防止我们产生对它是否能实现的怀疑，并有助于保持继续等待所需的耐心。

为了鼓励或帮助我们的孩子、同事或家人的长期"投资"行为，我们应该尽自己所能创造一个他们可以依靠的环境，并兑现对未来的承诺。

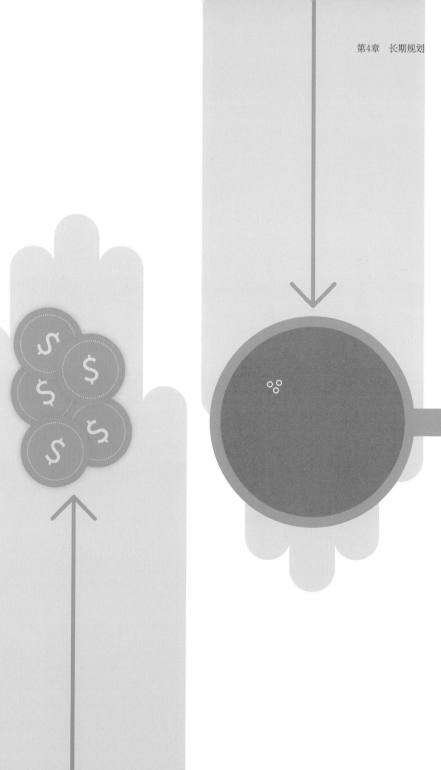

你未来所

从何而来？

需的资金

第15课　为什么未雨绸缪如此困难

财务状况很像健康状况。如果你曾经试过躺在沙发上喝酒，看无聊的电视节目，也不想去进行动感单车训练，你就会明白，虽然身体健康是我们应该为之而努力的目标，但要说服自己采取行动来实现这一目标并不容易。同样，保持财务健康状况往往需要做出眼前的牺牲，以获得未来的未知利益。

这也许就是为什么为未来做计划会如此不讨人喜欢。正如我们在本书其他课中了解到的，人类更关心"现在"而不是"以后"。创建一个财务健康的未来需要现在就做出牺牲，产生立竿见影的"成本"，即付出坐下来制订计划的努力，以及经常性的"成本"，即为了以后更舒适的生活而放弃今天的一些支出。

当我们还相对年轻的时候，我们大多数重要的财务目标都会在未来实现，而且充满了疑问——世界将会变成什么样子？届时我的支出会是多少？还有谁会在经济上依赖我？我将在哪里生活？我将在多少岁的时候退休？我是否有足够的储蓄来舒适地退休？而且从某些方面来说，感觉好像这一切不会真的发生在自己身上，而是发生在一个更老的、未来的我身上。诸如买房或退休这样的事在各个维度上都感觉很遥远——从时间上看（它在未来），从社会层面看（它不是发生在我身上，而是发生在未来的自己身上），还有从假设的角度来看（不确定它会牵扯到什么）这解释了为什么进行相应的计划很难。

如果我们眺望地平线，可能会看到一些模糊的形状，但如果我们在显微镜下观察，就可以看到非常详细的细节。同样地，如果事件在心理上感觉遥远，我们往往会以更抽象的方式思考它们，而事件越是抽象，我们就越不愿意采取行动。

相反，如果事件在心理上感觉很近，也就是说，此时此刻它们正发生在我身上，我们往往会思考更具体的内容和更多的细节。这种对事件的具体解读更有利于制订计划和采取行动。

我们一直在权衡成本和收益。就前瞻性规划而言，为我们未来的生活方式和退休生活而储蓄，要付出的成本是实实在在的并且近在眼前，却只能在未来才能获得并不十分明确的收益，这一事实使我们的天平倾向于惰性。

如果事件在心理上感觉遥远，我们往往会以更抽象的方式思考它们。

如果事件在心理上感觉很近，我们往往会思考更具体的内容和更多的细节。

与未来的自己交流

考虑到这种解释水平理论，即人们会以更抽象、更懒散的方式来理解心理上感觉遥远的事件，我们可以做些什么来让自己更愿意为未来做好财务上的准备呢？

首先，我们可以把遥远的事件拉近到此时此地。

通过让未来的可能性变得更加生动逼真，我们可以弥合现在的自我和未来的自我之间的共鸣差距。在一个实验中，哈尔·赫斯菲尔德（Hal Hershfield）和他的同事要求人们通过移动电脑屏幕上的一个滑块来显示他们想为自己的退休基金存入多少钱。当人们移动滑块时，他们的照片会根据所选的金额而微笑或皱眉。

对于一半的参与者来说，当他们向退休基金投入的钱较少时，屏幕上自己的形象就会微笑，因为更多的钱可以留在当下使用；但对于另一半人来说，他们的形象经过数码修改，看起来像自己65岁的时候，白发苍苍、垂垂老矣，因此当人们选择为自己的退休基金存入更多金额时，他们的形象也会微笑。研究人员发现，看到自己老年形象的人，选择为他们的未来而储蓄的金额，明显多于看到自己现在形象的人。

在一项相关的研究中，研究人员探讨了我们对未来自我的看法与我们缴纳养老金的选择之间的关系。他们发现，如果人们感受到了与未来自己的联系，并清楚他们有照顾未来的自己的道德义务，他们可能会储蓄得更多（而不仅仅是提醒他们对未来自己的幸福的影响）。然而，对于那些没有感觉到未来与自己有什么联系的人来说，这两种类型的信息对未来储蓄率的影响没有明显的区别。

因此，正确的做法或许是，让自己感觉到与未来的自己有更多的联系，你可以制作一张自己年老时的照片，或者给自己写一封信，或者想象自己退休后的花销，然后提醒自己现在有责任照顾未来的那个人。正如行为科学家艾瑞里与他的合作者杰夫·克莱斯勒（Jeff Kreisler）所总结的那样，"我们使未来变得越明确、生动和详细，它就越能与我们产生共鸣，我们也就越关心未来，与未来的自己联系越紧密，并会为了自己的利益采取行动。"

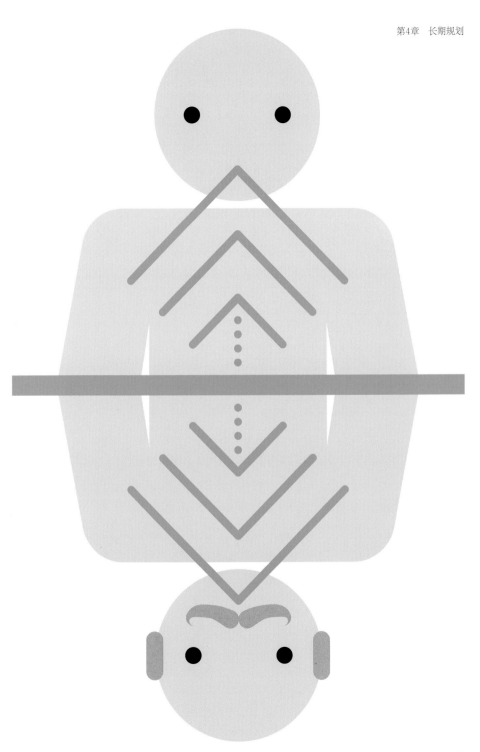

第16课　退休规划

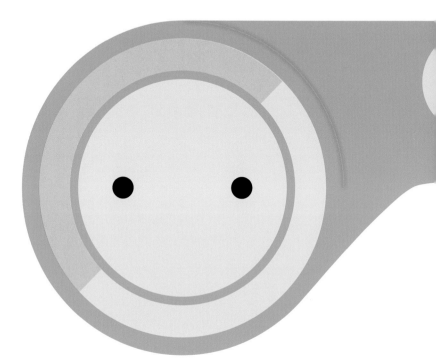

诚然，退休财务规划的话题听起来非常无聊。但从某些方面来说，这个话题又十分耐人寻味，因为尽管风险相对较高（谁想在80岁时还一贫如洗？），但许多人似乎完全不为所动，对此置之不理。乍看之下，退休规划应该是很容易的：我们都知道，为退休后的生活而储蓄符合自己的最佳利益。然而，很少有人去尝试制订计划，更不用说能坚持执行计划的人了。这是为什么呢？

在极端情况下，一些人的日常财务中根本没有任何盈余，无法为退休而储蓄；然而，许多有闲置资金的人也没有为退休储蓄做好充分的准备。

研究员安娜玛利亚·卢莎蒂（Annamaria Lusardi）和奥利维亚·米歇尔（Olivia Mitchell）发现，在她们调查的美国人中，只有31%的人曾尝试过制订退休计划，而与比较熟悉通货膨胀、利息和风险等金融概念的人相比，不熟悉这些概念的人更不可能去尝试制订退休计划。在这31%的人中，只有大约三分之二的人真正制订了计划，能坚持执行计划的人则更少。总的来说，研究人员发现，只有

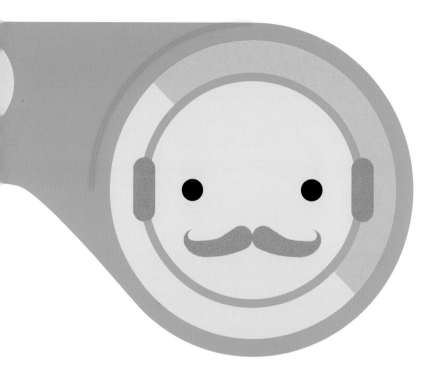

大约五分之一的人成功地执行了计划。

即使是思考做计划这件事本身也可能是困难的，其中有很多原因。在第15课中，我们讨论了在心理上感觉很遥远的事情会如何减少我们行动的紧迫感。为退休而储蓄在很多方面都让人感觉很遥远。此外，由于金融知识匮乏，所以许多人并不真正清楚该怎么做。而且收益的增长只在未来才会显现，不是对"现在的我"，而是对"未来的我"，这使得退休计划变成更难以想象的事。难怪人们身上的惰性会如此强大。

即使你鼓起勇气制订了一个退休计划，坚持下去也是一种挑战。一笔意外的支出可能会突然出现，妨碍了你把钱存起来的美好愿望。储蓄需要一定程度的自制力。我们必须放弃当前的支出，以换取可能、但不确定的未来利益。为了给退休生活存钱，每个月或每一笔消费我们都要精打细算，这令人疲惫不堪，而且会耗尽人们的意志力。

全员参与

与其说我们依靠意志力，或者说除了意志力可依靠之外，还有一些设计储蓄过程的方法可以让我们的储蓄之路变得更轻松。

一些国家通过强制性的养老金计划，使人们不再为退休计划而费神。例如，在澳大利亚，企业经营者必须按照你工资9.5%的比例替你缴纳退休后的养老金。虽然这一比例对一些读者来说可能感觉太高了，但对另一些人来说，这可能是一种他们乐于接受的帮助。

在其他国家，例如在英国，最低养老金缴纳在目前来说是默认的，这意味着企业经营者必须提供一个养老金方案，并自动将新员工纳入该方案，除非员工自己选择放弃。重新设计后的系统，人们如果想退出就必须主动选择退出，这就利用了惰性的力量：人们如果选择了加入养老金方案则不需要操心就能留在计划中，但如果选择退出养老金方案的话，则要费上一番功夫。

上述方法，无论是强制规定养老金缴纳，还是让工人自动加入养老金方案，至少消除了一些人们对金融知识和计算能力的依赖。也就是说，这些方法并不指望你是一个金融奇才。那些喜欢数学的人和不喜欢数学

的人在有效储蓄方面都有一样的潜在良机。

虽然这些方法已被用于鼓励人们开始为自己的养老金存款，但有一件重要的事需要注意：最适合你的实际存款比例可能与默认的比率不一样。因此，在为自己被推动着为自己的未来开始存钱而拍手称快之前，请检查默认的养老金储蓄比率是否适合你自己，并考虑在你的预算范围内缴纳额外金额来进行补充。

这其中的一个困难是，我们几乎没有机会了解自己的选择是错是对。我们遇上的一些重大（风险高的）事件是那些一生也许只发生一次或几次，或也许永远不会发生的事件，例如买房子、职业或教育培训、婚姻和退休。当我们知道自己的选择并非最优的时候，可能已经来不及补救了。这是每个人都要面对的价值判断，但鉴于我们中有很多人准备不足，并清楚我们可以很容易地适应自己目前的情况，似乎最好的赌注应该是谨慎行事，增加我们的退休储蓄。

我们的企业经营者也可以帮助我们以其他方式自助。企业经营者会允许，甚至鼓励我们，对下次加薪时增加我们的养老金缴纳额做出承诺。这很有帮助，因为你提前就做出了决定，免得还有机会反悔。人们对

损失的厌恶通常大于同等收益带来的喜悦。养老金缴款的自动递增方式能将这种损失厌恶降到最低，因为承诺并没有造成损失，而是变成了"放弃的收益"。换句话说，随着每一次的加薪，你仍然比加薪前有更多的钱可以花，只是没有你不做承诺时那么多而已。因此，你不太可能觉得自己是在牺牲当下的支出。

工具包

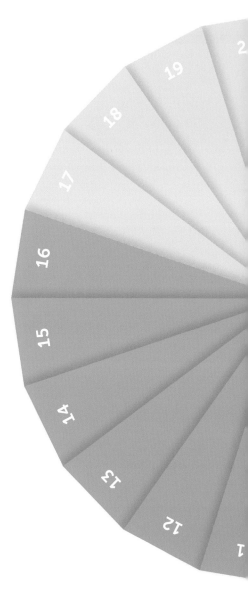

13

你基本上不可能彩票中奖。人们通常会高估自己的中奖概率，但为了获得想象不同生活方式带来的乐趣，或者为了避免错过办公室集体买彩票而感到遗憾，买一张彩票的费用可能是值得的。

14

短期效益主义会给财务健康造成问题。但是，短期效益主义不仅仅只是渴望即时满足或缺乏自制力，它还取决于你对未来的期望。如果你所期望的东西有可能无法实现，为什么要推迟你的满足呢? 这意味着，情况的可靠性以及我们对他人(人或机构)的信任程度，对于培养面向未来的行为，以改善长期结果非常重要。

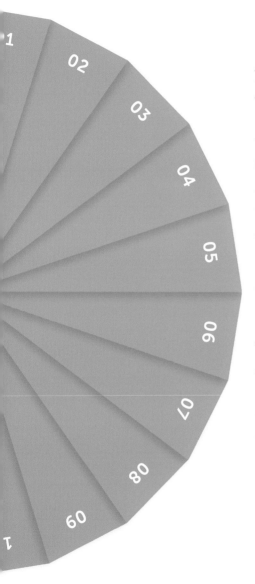

15

　　退休，以及整体而言我们的未来，让我们在心理上感觉很遥远；同时，为保证我们的未来而做出的必要牺牲，又让我们在心理上却感觉很近。这种不匹配——成本就在眼前，而未来的利益却不确定，很可能会削弱我们制订计划的动机。我们可以通过将未来的、不明确的利益转化为眼前的、明确的利益来提高自己的积极性。为了帮助自己节省更多的钱，建立与"未来的自己"的联系。

16

　　很多人都没有为退休做好财务上的准备。由于养老金的前期成本和延迟收益，我们的现时偏见(Present Bias)使得放弃现在的消费来为未来储蓄的做法不得人心。养老金的安排方式有助于缓解这种不情愿的情况。企业经营者可以采取一些措施，使退休计划变得更容易，例如允许我们预先承诺不断增加养老金缴纳金额。因此，问问你的企业经营者，他们能做些什么来帮助你为未来做好准备。

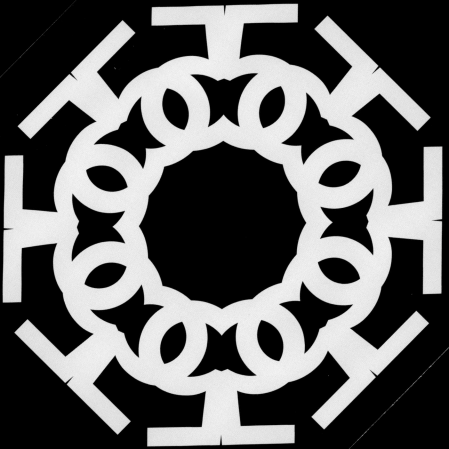

第5章

探寻花钱的乐趣

虽然我们知道，拥有金钱本身并不能使自己快乐，但它确实提供了让我们获得宝贵经验的机会。

在前3章中，我们了解到，保持财务健康的关键是：收支平衡以满足基本需求；准备一笔应急资金，以抵御冲击；超越当下，做长期规划。

也许这些建议说起来容易，做起来难。因此，在本章中，我们将探讨如何利用目标设定来帮助我们实现这些目标，意志力在这一宏伟计划中的作用，以及一些可以帮助我们坚持到底的技巧。

有了所有这些美好的愿望和全新的策略，你可能会觉得前方之路将会一帆风顺，但值得思考的是，当我们实际开始建立健康的财务时，会发生些什么。生活方式的改变很快就会成为新的常态，因为我们会适应变化了的环境。财务健康的重点不是为了适应和寻求更多的财富而无休止地追逐财富，而是要建立某种财务安全，因为金钱开启了更多的选择，而这些选择在没钱的时候是不可能有的。

财务上宽松一些，不仅可以应付那些突发的紧急情况，使之不必借助于高昂的债务，它还能让我们去追求梦想，而不必囿于基本生活的满足。例如，钱可以帮助我们提高技能或接受再培训，以追求不同的职业生涯；或者可以成为实现我们伟大的商业想法所需的启动资金。当我们没有金钱的压力时，处理生活的其他方面事情时也会感觉更游刃有余。

保持财务健康并非只意味着节衣缩食、储蓄和牺牲。那么，当你觉得自己处于舒适的消费状态时，应该怎么做？虽然我们知道，拥有金钱本身并不能使自己快乐，但它确实提供了让我们获得宝贵经验的机会。因此，在这一章中，我们还会探讨花钱的乐趣。毕竟，人还是要活得有点意思！

第17课　买买买≠幸福

我们人类是很有韧性的动物，也有很强的适应能力。这一点对我们来说或许很有用，尤其是当倒霉的事情发生在我们身上时，但如果我们希望美好的事情会给我们带来幸福，这种适应性会使我们不停地追求更多。

当我们习惯了新的环境，我们的参照点就会改变。因此，退回到原来的消费水平会让我们感觉像是遭受到了某种损失。人们不喜欢损失。事实上，损失令我们感受到的痛苦要大于同等收益令我们感受到的快乐，这个概念就叫作损失厌恶。

比方说，你以前一年才能吃一个甜筒冰激凌。如果你的参照点是零的话，那么每年能吃一个甜筒冰激凌就会给你带来很大

的幸福感。后来，你家门口开了一家冰激凌店。你的冰激凌消费量猛增到了每天一个冰激凌。刚开始，这感觉很美好，但后来就变成了日常。如果有一天你没有吃到冰激凌，你顿时就感觉自己牺牲了很多。因为每天吃一个冰激凌是你的新常态，所以当你需要享受的时候，你会选择吃两个。一旦你适应了每天吃两个冰激凌，你就需要了淋了热糖浆和裹着巧克力和坚果的冰激凌，才能使享受的仪表盘从正常状态转为放纵姿态。于是，这样的故事又会循环下去……

享乐跑步机

只是为了努力维持我们已经习以为常的额外幸福水平，而无休止地追求更多。心

理学家把这种现象称为享乐跑步机。它意味着我们从购买东西中获得的长期幸福感可能没有预期的那么多。

我们很容易与那些看起来经济条件比我们好的人进行比较。这种向上的社会比较导致了地位上的"军备竞赛",在这场竞赛中,我们不断地累积越来越多的东西,以努力提高我们相对于朋友和邻居的地位,然后他们又会购买更多的东西,以提高他们相对于我们的地位。康奈尔大学经济学家罗伯特·弗兰克(Frank)解释说,在个人层面上,当某人买了一辆比其邻居的汽车更昂贵的汽车时,他可能会感觉更好,因为他们获得了更高的心照不宣的地位。但在社会层面上,这是一个零和游戏。当一个人超过另一个人获得更高的地位时,另一个人必然会失去他的地位,所以作为社会总体而言,人们的幸福感并没有提升。

当然,我们在多大程度上容易受到享乐跑步机的影响,在一定程度上取决于个体差异、我们的性格和所发生事件的类型。在某些情况下,我们非但不能适应,甚至还可能变得敏感,也就是说,某件事情的持续会加重(而不是减轻)它所带来的快乐或痛苦。

然而,这里的重点不是生成一个数学公式,说明从特定购买中获得的幸福感何时何地会开始消散,而是指出购买给你带来的幸福感很可能在一开始就达到了最高点——幸福感很有可能在购买后随着你的参照点的改变而消散。知道了这一点可能会引发人

们的思考：自己所购买的东西是否真的物有所值。如果你觉得连你自己的期望也很难达到，这很正常，你并不孤单。享乐跑步机让我们中的许多人只是为了能维持现状便不得不奔跑。

习惯于奢侈的生活

所有这些关于享乐跑步机的讨论到底说明了什么？答案是我们的行为方式和采取这些行为的原因，以及我们与金钱的关系之间的另一个联系。如果享乐跑步机意味着我们不断地追求更多的东西，只是加强了我们对更高要求的适应性，那么就有一些教训可供吸取。

生活会变得更轻松吗?

人们总是会禁不住推迟自己财务上一些

该做的事情，例如偿还债务、为退休储蓄或现在努力多存一些钱。这样做是抱着一种期望，当自己未来有可能赚到更多的钱时，存钱会更容易。但是，这样做可能会将你置于财务弱势的境地。首先，你不能保证自己以后会赚得更多。即使你在未来某个不确定的时间点能赚得更多，但当（如果）你能认识到这一点时，你可能已经习惯了你那时的生活标准，所以要把钱存起来可能也会令你感到痛苦。

符合实际的期望

如果我们已经踏上了享乐跑步机，那么为了保持一定的幸福状态，就需要随着时间的推移改善我们的环境。这可以通过许多不同的方式来实现，而不仅仅是物质方面。但

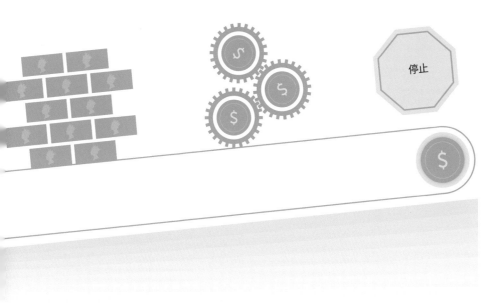

是，如果你也想要物质上的改善，就应该将其纳入长期计划。这实际上意味着，如果你今年花了 x 千英镑，那这一笔金额就需要纳入明年的预算。

放慢享乐跑步机的速度

还有一种获得幸福的方法是努力离开享乐跑步机，或者至少要放慢它的速度。要做到这一点，在我们选择商品或体验时，可以选择那些我们不太容易适应的东西。例如，新鲜感（对你来说是新的）和多样性（每次都不同，如健身课或杂志订阅）似乎可以减缓适应性；同样，延长重复事件间隔的时间长度对我们做到这一点也有帮助。当每天

都能吃上冰激凌甜筒的时候，它显得单调普通，但当每个月才能吃上一次的时候，吃冰激凌甜筒就变成了一种享受。

那么，什么才会带来持久的幸福呢? 有成百上千的图书、网站和组织都在致力于这一主题。培养社会关系、多做运动、寻找生活意义或目的以及花时间欣赏大自然是经常提到的方法。

保持财务健康并不能使这些策略神奇地从天而降。但是，随着财务状况的改善，没有了过多的资金压力和紧张，我们就能在生活中专注于实施这些策略。

享乐跑步机让我们中的许多人只是为了能维持现状便不得不奔跑。

第18课　设定恰到好处的目标

也许是为了买一艘游艇，也许是为了在50岁时退休，或者，也许只是为了在月底的时候不透支。我们大多数人都有财务目标，但其范围、规模和它被明确定义的程度，即便在我们自己的头脑中，都会因人而异。

如果我们设定的目标既具体又有一定难度，那么相较于"尽最大努力"这样的模糊目标，我们很可能会做得更好。我们对一个特定目标的承诺取决于它的价值（它对我们有多重要），以及目标的可实现程度。

以提前退休为例，这个目标可以变得更加具体，例如将其分解为每年投资 x 万英镑。这个目标的价值，换句话说，为什么提前退休对你很重要，或许在于它可以让你逃离日常琐事，全身心地投入到个人爱好（如木雕）中。

我们如何才能知道目标的可实现程度呢？这将取决于目标的难易程度。太容易了，就会很无聊；太难了，又会引发焦虑。目标的可实现程度还取决于我们的自我效能感——也就是我们对自己完成设定目标的能力的信心。

确定目标是有时限的，有助于让我们避免陷入惰性或拖延太久。获得关于我们实现这些雄心的进展的反馈也是至关重要的。

毕竟，如果我们不知道自己是否沿着正确的路线在前进，又怎么能纠正自己前进的方向呢？

在所有这些关于目标的讨论中，人们可能很想一下子就给自己设定一大堆不同的目标。然而，行为科学家、多伦多大学教授迪利普·索曼（Dilip Soman）及其同事发现，设定一个单一的、明确的目标比设定许多目标更有效。这里的考量是，当我们努力完成一个目标时，我们必须首先思考目标本身，然后再考虑如何具体地实现这个目标。在现实中，这就像是首先要思考如何为去巴黎旅行节省400英镑的目标，然后再思考如何省钱，如从家里带午餐去上班，而不是在外面吃。研究发现，设定多个目标可能会导致我们在努力实现哪个目标（如为期待已久的假期、退休或新车而存钱）的权衡决定上花费太多心力，以至于我们无法进入下一步的思维模式，即确定如何实现目标。

恰到好处的目标

将设定的目标付诸实践时，一个很好的策略是设定一个"恰到好处"的财务目标——童话中金凤花姑娘①选择的目标。

因此，在设定财务目标时，它们应该具体，而又不会过于细化，以至于产生复杂的分层目标。它们应该有足够的难度，值得为之而努力，但又不至于难到让人觉得无法实现。我们应该收到恰到好处的反馈，能使自己充满热情，坚持正确的道路，而不至于觉得自己稍有不慎就会彻底失败。

有了一个既不会太容易也不会太难，"恰到好处"的目标，接下来我们在努力实现这个目标时应该注意什么呢？研究表明，我们可能需要小心这个目标的一些副作用。

控制自己的冒险行为

设定一个目标可能会改变我们的参照点——我们不再思考现在的生活，而是开始考虑目标实现后的生活情况。如果是这样的话，那么如经济学家所说，我们就会觉得自己总是处于"损失领域"。也就是说，我们觉得自己好像落后了，正在努力追赶我们的目标。而当处于损失领域时，相对于其他情况而言，人们往往会更愿意冒险。因此，在追求一个目标时，请考虑你的行为的风险是否比自己惯常所冒的风险要更大，以及你

对这种情况的适应程度。

将行动视为对目标的承诺

心理学家艾利特·费希巴赫（Ayelet Fishbach）和拉维·多尔（Ravi Dhar）解释说，人们如何理解自己基于目标的行动，会影响他们以后的行为。如果你觉得自己通过采取行动，已经取得了进展，这可能会导致你对自己的放纵，最终可能会让自己偏离方向。为了防止这种情况的发生，将你取得的进展理解为自己对目标的最初承诺的强化，而不是严格意义上的进步，可能会有帮助。

不忘大局

我们有可能由于过于专注于一个目标，而忽略了大局。例如，如果过于狭隘地关注每月储蓄100英镑的目标，有人可能会求助于发薪日贷款来应付一笔意外的支出，而这笔费用本可以用存款来支付。如果你比较一下借款的高成本和储蓄的低利息，就会发现这是一个昂贵的选择。

还有什么可以帮助我们坚持自己定下的恰到好处的目标呢？我们都曾经历过，在情人节还未过去时，我们对新年愿望的热情就已经烟消云散了。因此，在下一课中，我们将深入研究有关增强意志力的方法，发现一些让我们对新的、重要的、具体的财务目标能够持之以恒的有用技巧。

---

①金凤花姑娘是美国传统的童话角色。由于金凤花姑娘喜欢不冷不热的粥，不软不硬的椅子，总之是"刚刚好"的东西。所以后来美国人常用金凤花姑娘来形容"刚刚好"。——编者注

善于理财
味的储蓄，
合理的消

不只是一
还包括了
费。

第19课　提高意志力

意志力是一个既普通又不普通的概念。当涉及金钱时，意志力的作用非常明显。在某些时候，大多数人都需要调用自己的自制力来克服冲动和诱惑。这种诱惑是什么，可能会因人而异，并取决于你目前的财务状况。

对于那些经常大手大脚花钱的人来说，抵制不必要的支出是一个明显的挑战。而另一些人则需要意志力来避免成为鸵鸟（对自己的实际财务状况保持心安理得的无知）或猫鼬（过于频繁地检查自己的股票表现）。当你本可以做一些更有乐趣的事情时，却要坐下来制订财务管理计划，并长期坚持执行这一计划，这样做需要意志力。在更基本的层面上，在没有其他内在动机的情况下，单单是工作赚钱这件事，也需要意志力。

我们怎样才能提高意志力？一些研究人员认为，意志力就像肌肉——短期容易疲劳，但能够通过长期练习得到增强。还有一些人，如心理学家卡罗尔·德韦克（Carol Dweck）和她的同事发现，一个人意志力是增强还是减弱，取决于个人对意志力本质的看法。当被告知发挥意志力有助于培养自己的能力时，研究参与者在多个自制力测试中的表现并不差。但是，当得知第一次发挥意志力会消耗掉意志力的储备后，参与者的表现就不尽如人意了。

虽然心理学界的一些知名学者对意志力的研究已经有半个多世纪，但似乎仍有很多问题没有得到解答。意志力太强的人生对一些人来说可能是一种拖累，但意志力太弱的生活可能使我们感到自己为环境所困，让我们处于不如我们所愿的境地。通过培养自制力的练习，让意志力成为一种适合自己水平的工具，我们既可以选择使用，也可以选择不使用。

利用意志力让我们的钱发挥最大效用

一个能有效利用意志力的方法是，在

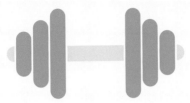

训练意志力

创建一个工具

为了更好的财务实践

可能的情况下，创造一个诱惑较少的环境，这样你根本就不必依赖它。有时，你可以改变自己的环境，例如，更改储蓄账户的访问权限，或设立一个在发薪日之后将钱自动转出的账户。

当然了，总有一些时候，你会面临一个新的或自己无法控制的环境。如果遇到这种情况，我们可以采用一些策略来帮助自己。

使用触发器

"如果一那么"策略对于预判诱人的情况，并预先找到摆脱它的方法是很有用的。"如果一那么"策略有时也被称为实施意图，它们使用诱惑触发器，并提供替代行动方案。它们是我们制定的声明，规定了在特定的诱惑情况下，我们该如何坚持自己的目标。例如，有人可能会声明，"如果我看到一家商店正在打八折，那么我会提醒自己，我现在不需要任何新衣服，然后穿过街道（或关闭浏览器）。"

诱惑捆绑

当利益在未来才会显现时，往往就是就需要意志力的时候。未来的奖励不如眼前的奖励有说服力。因此，一种策略是将奖励提前。例如，尝试在你将钱用于偿还信用卡或储蓄的时候，才允许自己享用最喜欢的食物。这种诱惑捆绑，将你觉得难以做到的事情与一些诱人的即时奖励联系在一起。

眼见为实

意志力的每一次使用都能让自己的意志力得到加强，祝贺自己。如果正如前面所讨论的那样，我们的意志力储备确实会随着我们对它将增强或减弱的信心而增强或减弱，那么相信自己的意志力会增强明显是一种制胜策略。

表达感激之情

心理学教授大卫·德斯迪诺（David DeSteno）认为，为了帮助提高意志力，我们应该练习感恩之心和同情之心。德斯特诺表示："当你体验到这些情绪时，自制力就不再是一场战斗，因为它们不是通过压制我们当下的快乐欲望，而是通过提高我们对未来的重视程度来发挥作用。"

冷静与热情

意志力大师沃尔特·米歇尔（Walter Mischel）解释说，培养自制力的一种方法是"保持当下的冷静，保持未来的热情"——在我们和眼前的诱惑之间保持一定的心理距离，同时使未来的奖励看起来更有吸引力。为了"保持当下的冷静"，任何能使眼前的奖励看起来更加模糊的事情都有帮助。为了"保持未来的热情"，我们要在脑海中想象目标的生动画面，使未来在心理上感觉更接近。

未来的利益

眼下的利益

第20课　提高幸福感的支出

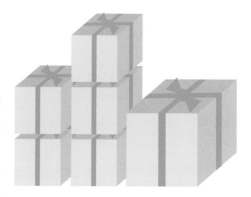

本书一直在强调一个事实：金钱无法保证幸福。然而，它确实能给我们带来更多的选择。我们可能都觉得自己知道如何花钱，但我们知道如何花好钱吗？研究指出，至少有几种方法可以让我们利用金钱来提高幸福感。这里的关键是，重要的不是你能花多少钱，而是你怎么花。

把钱花在别人身上而不是自己身上

在地上捡到了钱？把它花在别人身上而不是自己身上可能会更让你快乐。心理学家伊丽莎白·邓恩（Elizabeth Dunn）和她的同事做了一个实验，她们给实验参与者每人5美元或20美元钱，让他们中的一半人把钱花在自己身上，另一半人把钱花在别人身上。实验结束时，当人们被问及花钱所带来的幸福感时，与花钱的金额相比，更重要的是人们是把钱花在别人身上还是花在自己身上，把钱花在别人身上的人感觉自己更幸福。

我们把钱给谁这个问题似乎也很重要。

根据拉拉·阿克宁（Lara Aknin）和其他人的研究，把钱花在我们的密友和家人身上比花在普通熟人身上让我们更幸福。知道我们花出去的钱给别人带来了积极影响，也会提升我们的幸福感。因此，如果你收到某人的礼物，一定要让送礼物的人知道，这份礼物对你产生的积极影响。

把钱花在体验上而不是物质上

心理学家利夫·范博文（Leaf Van Boven）和汤姆·季洛维奇（Tom Gilovich）要求人们回忆一次购物消费和一次体验消费，然后询问哪一次消费让他们更快乐。57%的人回答说体验使他们更快乐，只有34%的人表示购物使他们更快乐。原因也许是我们对体验的适应比对事物的适应更缓慢，

也许是因为我们更期待（盼望）体验，而且能够在精神上重温（记住）自己的体验。从本质上讲，这意味着我们能从体验中获得更大的愉悦感。

把钱花在多个小的支出上，而不是一个大的支出上

你愿意选择一次长时间的按摩，还是两次短时间的按摩？为了测试将一种体验分割成几次是否会增加或减少其乐趣，研究

当人们被问及在一天结束时的幸福感时，重要的是他们是否把钱花在了别人身上。

人员向一些人提供了一次3分钟的按摩，向另一些人提供了两次时间更短（共计2分40秒）的按摩。按照任何标准，第一次提供的服务应该在客观上更有优势，而且大多数人确实认为一次长时间的按摩会更好。但在实际体验中，人们对两次时间较短的按摩的评价高于一次长时间的按摩，并愿意为按摩支付更多的费用。

边际收益递减的概念在这里是有效的。从本质上讲，我们拥有的东西越多，这些东西对我们幸福感的增量就越小。一次两倍时长的体验不一定能给我们带来两倍的快乐。

花最少的钱得到最大的快乐

如果我们对自己的内部心理运作有更多的了解，我们就可以选择最适合自己的消费方式。例如，既然我们知道了自己对多次小额消费的适应往往比对单次大额消费的适应要慢，那么我们就可以简单地拉开自己的一些常规消费的间隔时间，使它们感觉不像是在例行公事，或许就会有所改变。下面还有一些其他建议。

预付费用使我们能够毫无顾虑地享受消费体验。

符合自己个性的消费

虽然上文的建议说明该如何提升整个群体的平均幸福感，但其他研究发现，要真正让你的消费发挥最大效用，它就应该与你的个性相符合。桑德拉·马茨（Sandra Matz）等人招募了一些在外向性人格（"五大"人格特征之一）上自我评分很高或很低的参与者。研究人员为他们提供了一张代金券，让他们以十分外向的方式（去酒吧）或十分内向的方式（买书）进行消费，并让他们报告收到代金券时、使用代金券时和使用30分钟后的幸福水平。在这两种情况下，外向型的人都会略微快乐一些。内向型的人报告说，如果使用图书券，幸福感会增加，但重要的是，如果使用酒吧券，幸福感会下降。这表明，当消费与这些相当稳定的人格类型不匹配时，可能不存在对幸福感的提

122

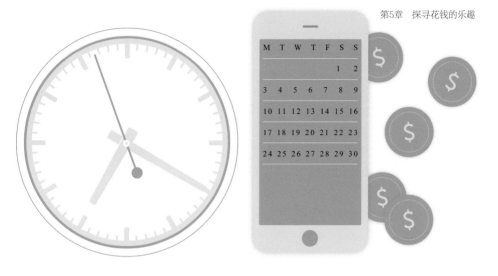

升，在某些情况下，与性格不匹配的消费甚至可能是有害的。

为自己争取时间

如果你的时间很紧张，金钱的一个重要用途是为自己争取时间。你可以花钱请人帮忙做家务、做饭、购物或任何其他似乎会消耗你时间和脑力的差事。

研究人员给连续两个周末都要工作的成年人提供了40加元的现金。研究参与者被随机分配任务，要么把钱花在可以节省时间的东西上，要么把钱花在物质上。参与者在第一个周末被分配的任务会在第二个周末被调换。每个周末，他们要对自己的总体幸福水平和时间压力水平进行评分。参与者们均报告，无论是在第一个周末还是第二个周末，把钱花在节省时间上的那个周末，他们感到更幸福（更多的好心情和更少的坏心

情，以及更小的时间压力）。

预付费：现在付款，以后消费

这与信用卡的原则正好相反。预先购买，以后再消费，可以减轻付款的痛苦（见第6课）。既然你已经付过款了，所以就可以享受消费的体验，而不必担心如何或何时才能有钱买到想要的物品。此外，预付费意味着你可以对这件事抱有期待。这种期待是对实际消费的额外奖励，而期待似乎比单纯地反思某件事情有更大的影响，尽管两者都能带来快乐。

123

工具包

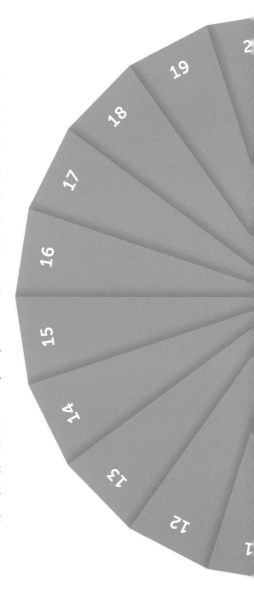

17

　　人类善于适应，而且我们更容易适应财务状况的上升变化而不是下降变化。当我们以"一旦我得到更多的报酬，我就会还清债务、开始存钱、为退休而存钱"的态度对待自己的生活时，这可能会产生问题，因为一旦我们得到了更多的报酬，我们就开始习惯于更好的生活，并希望保持它。这就产生了一种持续的压力，只是为了保持一定的幸福水平，我们就必须要争取更多。

18

　　设定目标对实现财务目标是有帮助的。然而，请注意：有些设定目标的方法优于其他方法，而且可能会有一些意想不到的结果。设定一个具体的、难度适中的财务目标是一个好的开始。目标应该足够难，值得为之努力，但又不至于难到让人感觉无法实现。

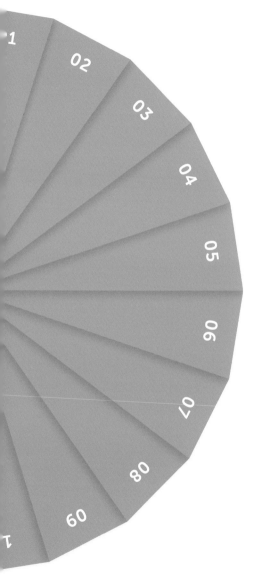

19

意志力是一种有用的能力。一种理论认为，如果你认为意志力会随着使用而减弱或增强，便会让实际情况变得如你所认为的一样。当面对诱惑时，一些策略会对你有所帮助，如"如果—那么"的计划，或在心理上让自己远离眼前的欲望，同时使未来的回报在心理上与自己更接近。另外，你也可以改变自己的环境以完全避免诱惑。

20

如何让你的钱为你带来更多的幸福感? 研究人员发现，花费在体验(而不是物质)和他人(而不仅仅是你自己)身上的钱，会给人们带来更大的幸福感。用小额消费来取代不经常的大额消费，以减轻适应性。如果你的时间很紧张，花钱来"买时间"可能会提高幸福感。其他建议包括预先付款，并使你的消费与你的个性相符合，以便获得最大的享受。

参考文献

引言和第1章

Brickman, P., Coates, D., & Janoff-Bulman, R., 'Lottery winners and accident victims: Is happiness relative?', *Journal of Personality and Social Psychology*, 36 (8), 917 (1978)

Confer, J. C., Easton, J. A., Fleischman, D. S., Goetz, C. D., Lewis, D. M., Perilloux, C., & Buss, D. M., 'Evolutionary psychology: Controversies, questions, prospects, and limitations', *American Psychologist*, 65 (2), 110 (2010)

Frey, B. S., & Oberholzer-Gee, F., 'The cost of price incentives: An empirical analysis of motivation crowding-out', The American Economic Review, 87 (4), 746 – 755 (1997)

Gilbert, D., & Wilson, T. "Miswanting: Some problems in the forecasting of future affective states" in *Thinking and feeling: The role of affect in social cognition*, edited by Joseph P. Forgas, 178 – 197, Cambridge University Press (2000)

Gneezy, U., & Rustichini, A., 'A fine is a price', *The Journal of Legal Studies*, 29 (1), 1 – 17 (2000 a)

Gneezy, U., & Rustichini, A., 'Pay enough or don't pay at all', *The Quarterly Journal of Economics*, 115 (3), 791 – 810 (2000 b)

Gneezy, U., & List, J. A., 'Putting behavioral economics to work: Testing for gift exchange in labor markets using field experiments', *Econometrica*, 74 (5), 1365 – 1384 (2006)

Griskevicius, V., Ackerman, J. M., Cantú, S. M., Delton, A. W., Robertson, T. E., Simpson, J. A., Thompson, M.E., & Tybur, J. M., 'When the economy falters, do people spend or save? Responses to resource scarcity depend on childhood environments', *Psychological Science*, 24 (2), 197 – 205 (2013)

Griskevicius, V., Redden, J. P., & Ackerman, J. M., 'The Fundamental Motives for Why We Buy', *The Interdisciplinary Science of Consumption*, 33 (2014)

Helliwell, J., Layard, R., & Sachs, J., *World Happiness* Report 2017 (2017): www.worldhappiness.report

ING International Survey, 'Savings 2017 ' (2017): www.ezonomics.com/ing_international_surveys/savings-2017/

Kenrick, D. T., & Griskevicius, V., *The Rational Animal: How evolution made us smarter than we think*, Basic Books (2013)

Furnham A., Wilson E., Telford K., 'The meaning of money: The validation of a short money-types measure', *Personality and Individual Differences*, 52 . 6 , 707 – 711 (2012)

Mead, N L., et al. 'Social exclusion causes people to spend and consume strategically in the service of affiliation,' *Journal of Consumer Research* 37.5, 902–919 (2010). Referenced in Kenrick & Griskevicius (2013).

Rick, S. I., Cryder, C. E. & Loewenstein, G., 'Tightwads and spendthrifts', *Journal of Consumer Research*, 34(6), 767–782 (2008)

Rick, S. I., Small, D. A. & Finkel, E. J., 'Fatal (fiscal) attraction: Spendthrifts and tightwads in marriage', *Journal of Marketing Research*, 48(2), 228–237 (2011)

Rick, S. I., 'Chapter 8: Tightwads, Spendthrifts, and the Pain of Paying: New Insights and Open Questions', in *The Interdisciplinary Science of Consumption*, edited by Preston, S. D, Kringelbach, **M. L., Knutson, B.,** 147–159, MIT Press (2014)

Sandel, M. J., *What Money Can't Buy: the moral limits of markets*, Macmillan (2012)

Spencer, N., 'Hands up if you're an emotional shopper' (2013): www.ezonomics.com/stories/hands_up_if_youre_an_emotional_shopper/

Von Stumm, S., O'Creevy, M. F., & Furnham, A., 'Financial capability, money attitudes and socioeconomic status: Risks for experiencing adverse financial events', *Personality and Individual Differences*, 54(3), 344–349 (2013)

Wilson, T. D., Wheatley, T., Meyers, J. M., Gilbert, D. T., & Axsom, D., 'Focalism: A source of durability bias in affective forecasting', *Journal of personality and social psychology*, 78(5), 821 (2000)

Wilson, T. D., and Gilbert D. T., 'Affective forecasting: Knowing what to want,' *Current Directions in Psychological Science*, 14.3, 131–134 (2005)

第2章

Ariely, D., '*The Pain of Paying: The Psychology of Money*' (2013): www.youtube.com/watch?v=PCujWv7Mc8o

Ariely, D., *Predictably Irrational*, chapters 1 and 2, Harper Collins (2008)

Ariely, D., Loewenstein, G., & Prelec, D. '"Coherent arbitrariness": Stable demand curves without stable preferences,' *The Quarterly Journal of Economics*, 118(1), 73–106 (2003)

Brykman S., 'Resistance is useful! UI/UX case study: the indelicate art of friction' (2016): www.propelics.com/ui-friction/

Caldwell, L., *The Psychology of Price*, Crimson Publishing (2012)

Di Muro, F., & Noseworthy, T. J., 'Money isn't everything, but it helps if it doesn't look used: How the physical appearance of money influences spending,' *Journal of Consumer Research*, 39.6, 1330–1342 (2012)

Duhigg, C., *The Power of Habit: Why we do what we do and how to change*, Random House (2013)

eZonomics, 'Why frictionless banking isn't right for everyone' (2017): www.ezonomics.com/blogs/whyfrictionless-banking-isnt-right-for-everyone/

Gherzi, S., Egan, D., Stewart, N., Haisley, E., & Ayton, P., 'The meerkat effect: Personality and market returns affect investors' portfolio monitoring behaviour', *Journal of Economic Behavior & Organization*, 107, 512–526 (2014)

Henley J., 'Sweden leads the race to become cashless society' (2016): www.theguardian.com/business/2016/jun/04/sweden-cashless-society-cards-phone-apps-leading-europe

ING International Survey, 'Savings 2017' (2017): www.ezonomics.com/ing_international_surveys/savings-2017/

ING International Survey, 'Mobile Banking 2017 – Cashless Society' (2017): www.ezonomics.com/ing_international_surveys/mobile-banking-2017-cashless-society/

Kahneman D., *Thinking Fast and Slow*, Allen Lane (2011)

Karlsson, N., Loewenstein, G., & Seppi, D., 'The ostrich effect: Selective attention to information,' *Journal of Risk and Uncertainty*, 38(2), 95–115 (2009)

Knutson, B., Rick, S., Wimmer, G. E., Prelec, D., & Loewenstein, G., 'Neural predictors of purchases', *Neuron*, 53.1, 147–156. (2007)

Milkman, K. L., Minson, J. A., & Volpp, K. G., 'Holding the Hunger Games hostage at the gym: An evaluation of temptation bundling', *Management Science*, 60.2, 283–299 (2013)

Money Advice Service, 'Money lives' (2014): www.moneyadviceservice.org.uk/en/corporate/money-lives

Murray, N., Holkar, M., & Mackenzie, P., 'In Control' (2016): www.moneyandmentalhealth.org/shopping-addiction

Olafsson, A., & Pagel, M., 'The ostrich in us: Selective attention to financial accounts, income, spending, and liquidity', *National Bureau of Economic Research Working Papers*, 23945, (2017)

Reynolds, E., 'Could adding friction to spending improve people's mental health?' (2017):

www.theguardian.com/technology/2017/feb/04/tech-banking-mental-health-anxiety-bipolar-disorder

RSA, 'Student Design Award Winners' (2017): www.thersa.org/discover/publications-and-articles/rsa-blogs/2017/06/designing-our-futures-announcing-the-2017-rsa-student-design-award-winners

RSA, 'Student Design Award Winners' (2016): www.thersa.org/action-and-research/rsa-projects/design/student-design-awards/winners/winners-2016-2. Design: Max Pyuman, University of Nottingham

Ruberton, P. M., Gladstone, J., & Lyubomirsky, S. 'How your bank balance buys happiness: The importance of "cash on hand" to life satisfaction', *Emotion*, 16.5, 575 (2016)

Shiv, B., Carmon, Z., & Ariely, D., 'Placebo effects of marketing actions: Consumers may get what they pay for,' *Journal of Marketing Research*, 42.4, 383–393 (2005)

Sicherman, N., Loewenstein, G., Seppi, D. J., & Utkus, S. P., 'Financial attention', *The Review of Financial Studies*, 29(4), 863–897 (2015)

Soman, D., 'Effects of payment mechanism on spending behavior: The role of rehearsal and immediacy of payments', *Journal of Consumer Research*, 27.4, 460–474 (2001)

第3章

Amar, M., Ariely, D., Ayal, S., Cryder, C. E., & Rick, S. I., 'Winning the battle but losing the war: The psychology of debt management', *Journal of Marketing Research*, 48(SPL), S38–S50 (2011)

Berman, J. Z., Tran, A. T., Lynch Jr, J. G., & Zauberman, G., 'Expense Neglect in Forecasting Personal Finances', *Journal of Marketing Research*, 53(4), 535–550 (2016)

Davidai, S., & Gilovich, T., 'The headwinds/tailwinds asymmetry: An availability bias in assessments of barriers and blessings', *Journal of Personality and Social Psychology*, 111.6, 835 (2016)

Frank, R., *Success and Luck: the myth of meritocracy*, Princeton University Press (2016)

Gathergood, J., & Weber, J., 'Self-control, financial literacy & the co-holding puzzle', *Journal of Economic Behavior & Organization*, 107, 455–469 (2014)

Gathergood, J., Mahoney, N., Stewart, N., & Weber, J. 'How Do Individuals Repay Their Debt? The Balance-Matching Heuristic', *National Bureau of Economic Research Working Papers*, 24161 (2017)

Hammond, C., *Mind Over Money: The psychology of money and how to use it better*, Canongate Books (2016)

Huo, Y. Research cited in Frank (2016).

Kahneman D., *Thinking Fast and Slow*, Allen Lane (2011)

Lewis, M., 'Obama's Way' (2012): www.vanityfair.com/news/2012/10/michael-lewis-profile-barack-obama

Loewenstein, G., Bryce, C., Hagmann, D., & Rajpal, S., 'Warning: You are about to be nudged', *Behavioral Science & Policy*, 1(1), 35–42 (2015)

Mani, A., Mullainathan, S., Shafir, E., & Zhao, J., 'Poverty impedes cognitive function', *Science*, 341(6149), 976–980 (2013)

McHugh, S., & Ranyard, R., 'Consumers' credit card repayment decisions: The role of higher anchors and future repayment concern', *Journal of Economic Psychology*, 52, 102–114 (2016)

Mischel, W., *The Marshmallow Test: understanding self-control and how to master it*, Random House (2014)

Mullainathan, S., & Shafir, E., *Scarcity: Why having too little means so much*, Macmillan (2013)

Puri, M., & Robinson, D. T., 'Optimism and economic choice', *Journal of Financial Economics*, 86(1), 71–99 (2007)

Sharot, T., 'The optimism bias', *Current Biology*, 21(23), R 941–R 945 (2011)

Shephard, D. D., Contreras, J. M., Meuris, J., te Kaat, A., Bailey, S., Custers, A., & Spencer, N., 'Beyond Financial Literacy' (2017) think.ing.com/uploads/reports/Beyond-financial-literacy_The-psychological-dimensions-of-financial-capability_Summary-paper.pdf

Stewart, N., 'The cost of anchoring on credit-card minimum repayments', *Psychological Science*, 20(1), 39–41 (2009)

Sussman, A. B., & Alter, A. L. 'The exception is the rule: Underestimating and overspending on exceptional expenses', Journal of Consumer Research, 39(4), 800-814 (2012)

Telyukova, I. A., 'Household need for liquidity and the credit card debt puzzle', *Review of Economic Studies*, 80(3), 1148–1177 (2013)

Twigger R., *Micromastery*, Penguin (2017)

Vohs, K.D., 'The poor's poor mental power', Science, 341(6149), 969–970 (2013)

Waitley, D., 'Denis Waitley Quotes': www.brainyquote.com/quotes/denis_waitley_165018

第4章

Ariely, D. & Kreisler J., *Dollars and Sense*, 228, HarperCollins (2017)

Andersen, T., Annear, S. & Sweeney, E., 'Lottery introduces woman who won $758.7m Powerball jackpot' (2017): www.bostonglobe.com/metro/2017/08/24/powerball-jackpot-won-single-massachusetts-ticket/pg9AyyG7Cl6bubZ3AIOS6I/story.html

Brickman, P., Coates, D., & Janoff-Bulman, R., 'Lottery winners and accident victims: Is happiness relative?', *Journal of Personality and Social Psychology*, 36(8), 917 (1978)

Bryan, C. J., & Hershfield, H. E., 'You owe it to yourself: Boosting retirement saving with a responsibility-based appeal', *Decision*, 1(S), 2 (2013)

Chiaramonte, P., 'Worker skips office mega pool, loses share of $319M' (2011): nypost.com/2011/03/30/worker-skips-office-mega-pool-loses-share-of-319m/

Choi, J. J., Laibson, D., Madrian, B. C., & Metrick, A., 'Defined contribution pensions: Plan rules, participant choices, and the path of least resistance', *Tax Policy and the Economy*, 16, 67–113 (2002)

FDIC, 'Understanding Deposit Insurance': www.fdic.gov/deposit/deposits/

FSCS, 'Banks/building societies': www.fscs.org.uk/what-we-cover/products/banks-building-societies/

Hagen, S., 'The marshmallow test revisited' (2012): rochester.edu/news/show.php?id=4622

Hershfield, H. E., Goldstein, D. G., Sharpe, W. F., Fox, **J., Yeykelis, L., Carstensen, L. L., & Bailenson,**

J. N., 'Increasing saving behavior through age-progressed renderings of the future self', *Journal of Marketing Research*, 48 (SPL), S23 –S37 (2011)

Ivey, P., 'Eyes on the prize' (2017): www.homesandproperty.co.uk/property-news/woman-wins- 845 k-raffle-house-having-bought-just- 40 worth-of- 2 -tickets-a 112936 .html

Kahneman, D., Knetsch, J. L., & Thaler, R. H., 'Anomalies: The endowment effect, loss aversion, and status quo bias', *Journal of Economic Perspectives*, 5 (1), 193 –206 (1991)

Kahneman D., & Tversky A. , 'Prospect theory: An analysis of decision under risk', Handbook of the fundamentals of financial decision making: Part I., 99 –127 (2013)

Kidd, C., Palmeri, H., & Aslin, R. N., 'Rational snacking: Young children's decision-making on the marshmallow task is moderated by beliefs about environmental reliability', *Cognition*, 126 (1), 109 -114 (2013)

Lusardi, A., & Mitchell, O. S. Financial literacy and planning: Implications for retirement wellbeing', *National Bureau of Economic Research Working Papers*, 17078 (2011)

Lyons Cole, L., 'People who bought a Powerball lottery ticket prove a basic truth about money' (2017): uk.businessinsider.com/powerball-ticket-how-you-view-money-2017- 8 ?r=US&IR=T

Mischel, W., *The Marshmallow Test: understanding self-control and how to master it*, Random House (2014)

Moffitt, T. E., Arseneault, L., Belsky, D., Dickson, N., Hancox, R. J., Harrington, H., et al., 'A gradient of childhood self-control predicts health, wealth, and public safety', *Proceedings of the National Academy of Sciences*, 108 (7), 2693 –2698 (2011)

MoneySmart, 'Banking': www.moneysmart.gov.au/managing-your-money/banking

Ocbazghi, E., & Silverstein, S., 'We tested an economic theory' (2017): uk.businessinsider.com/powerball-tickets-winning-numbers-regret-avoidance-behavioral-economics-2017- 8

Spencer N., 'When is the right time to eat stale doughnuts?' (2013): www.thersa.org/discover/publications-and-articles/rsa-blogs/2013/01/when-is-the-right-time-to-eat-stale-doughnuts

Thaler, R. H., & Benartzi, S., 'Save more tomorrow™: Using behavioral economics to increase employee saving', *Journal of Political Economy*, 112 (S1), S164 –S187 (2004)

Trope, Y., & Liberman, N., 'Construal-level theory of psychological distance', *Psychological Review*, 117 (2), 440 (2010)

Van Gelder, J-L., Hershfield, H.E., & Nordgren, L. F., 'Vividness of the future self predicts delinquency', *Psychological Science*, 24.6, 974 –980 (2013)

Weber, E. U., Johnson, E. J., Milch, K. F., Chang, H., Brodscholl, J. C., & Goldstein, D. G., 'Asymmetric discounting in intertemporal choice: A query-theory account', *Psychological Science*,

18.6, 516–523 (2007)

Zeelenberg, M., & Pieters, R., 'Consequences of regret aversion in real life: The case of the Dutch postcode lottery', *Organizational Behavior and Human Decision Processes*, 93(2), 155–168 (2004)

第5章

Ariely, D., & Kreisler, J., Dollars and Sense, chapter 16, Harper Collins (2017)

Aknin, L. B., Dunn, E. W., Whillans, A. V., Grant, A. M., & Norton, M. I., 'Making a difference matters: Impact unlocks the emotional benefits of prosocial spending', *Journal of Economic Behavior & Organization*, 88, 90–95 (2013)

Aknin, L. B., Sandstrom, G. M., Dunn, E. W., & Norton, M. I., 'It's the recipient that counts: Spending money on strong social ties leads to greater happiness than spending on weak social ties', PloS One, 6(2), e17018 (2011)

DeSteno, D., 'The only way to keep your resolutions' (2017): mobile.nytimes.com/2017/12/29/opinion/sunday/the-only-way-to-keep-your-resolutions.html

Diener, E., Lucas, R. E., & Scollon, C. N., 'Beyond the hedonic treadmill: revising the adaptation theory of well-being', *American Psychologist*, 61(4), 305 (2006)

Dunn, E. W., Aknin, L. B., & Norton, M. I., 'Spending money on others promotes happiness', *Science*, 319(5870), 1687–1688 (2008)

Dunn, E. W., Gilbert, D. T., & Wilson, T. D., 'If money doesn't make you happy, then you probably aren't spending it right', *Journal of Consumer Psychology*, 21.2, 115–125, (2011)

Fishbach, A., & Dhar, R., 'Goals as excuses or guides: The liberating effect of perceived goal progress on choice', *Journal of Consumer Research*, 32(3), 370–377 (2005)

Fishbach, A., & Touré-Tillery, M., 'Motives and Goals' in Introduction to Psychology: The Full Noba Collection, Diener Education Fund Publishers (2014)

Frank, R. H., *The Darwin Economy: Liberty, competition, and the common good*, Princeton University Press (2011)

Frederick, S., & Loewenstein, G., 'Hedonic Adaptation', in *Well-being: Foundations of Hedonic Psychology* by Kahneman D., Diener, E., & Schwarz, **N., Russell Sage Foundation** (1999)

Goleman, D., *Focus: The hidden driver of excellence*, chapter 8, Bloomsbury (2013)

Gollwitzer, P. M., & Sheeran, P., 'Implementation intentions and goal achievement: A meta-analysis of effects and processes', *Advances in Experimental Social Psychology*, 38, 69–119 (2006)

Heath, C., Larrick, R. P., & Wu, G., 'Goals as reference points', *Cognitive Psychology*, 38(1), 79–109 (1999)

Job, V., Dweck, C. S., & Walton, G. M., 'Ego depletion – Is it all in your head? Implicit theories about willpower affect self-regulation', *Psychological Science*, 21(11), 1686–1693 (2010)

Kuhn, Peter, Peter Kooreman, Adriaan Soetevent, and Arie Kapteyn. 'The Effects of Lottery Prizes on Winners and Their Neighbors: Evidence from the Dutch Postcode Lottery.' American Economic Review, 101 (5): 2226-47 (2011)

Locke, E. A., & Latham, G. P., 'Building a practically useful theory of goal setting and task motivation: A 35-year odyssey', *American Psychologist*, 57(9), 705 (2002)

Matz, S. C., Gladstone, J. J., & Stillwell, D., 'Money buys happiness when spending fits our personality,' *Psychological Science*, 27.5, 715–725 (2016)

Milkman, K. L., Minson, J. A., & Volpp, K. G., 'Holding the Hunger Games Hostage at the Gym: An evaluation of temptation bundling', *Management Science*, 60(2), 283–299 (2013)

Mischel, W., *The Marshmallow Test:* understanding self-control and how to master it, Random House (2014)

Moffitt, T. E., Arseneault, L., Belsky, D., Dickson, N., Hancox, R. J., Harrington, H., et al., 'A gradient of childhood self-control predicts health, wealth, and public safety', *Proceedings of the National Academy of Sciences*, 108(7), 2693–2698 (2011)

Nelson, L. D., & Meyvis, T., 'Interrupted Consumption: Disrupting adaptation to hedonic experiences', *Journal of Marketing Research*, 45(6), 654–664 (2008)

Soman, D., & Cheema, A., 'When goals are counterproductive: The effects of violation of a behavioral goal on subsequent performance', *Journal of Consumer Research*, 31(1), 52–62 (2004)

Soman, D., & Zhao, M., 'The Fewer, the Better: Number of Goals and Savings Behavior', *Advances in Consumer Research*, 39, 45–46 (2011)

Tu, Y., & Hsee, C. K., 'Consumer happiness derived from inherent preferences versus learned preferences', *Current Opinion in Psychology*, 10, 83–88 (2016)

Whillans, A. V., Dunn, E. W., Smeets, P., Bekkers, R., & Norton, M. I., 'Buying time promotes happiness', *Proceedings of the National Academy of Sciences*, 114(32), 8523–8527 (2017)

Woolley, K., & Fishbach, A., 'Immediate rewards predict adherence to long-term goals', *Personality and Social Psychology Bulletin*, 43(2), 151–162 (2017)

后 记

我们与金钱的关系，以及我们的行为方式和我们的选择，对我们的财务健康状况至关重要。这些关系是复杂的，包含了很多事物的功能，不仅仅是我们自己的人类心理、其他人的行为、我们身处的环境，以及我们的文化和制度框架。

例如，社会关系的力量，即使我们没有主动寻求朋友的建议，他们对汽车的选择（例如法拉利或福特）也会影响我们的财务决策，无论我们是否意识到这一点。我们生活的国家的政策将决定我们的工资水平、生活成本和我们退休后的境况。文化价值观和过往的经验将影响我们如何看待金钱和财务优先事项。

虽然我们有必要培养一种对财务状况

的控制感，但我们的主观能动性并不是一根魔杖。有些事情是我们无法改变的。有时，即使我们有美好的意愿并付出了大量的努力，事情还是会出错。因此，虽然我们都应该为保持财务健康状况而努力，但鉴于我们所生活的环境，我们需要在认识到运气和环境的限制，以及赞赏我们为了改善自己的状况而付出的努力和做出的选择之间，找到一个平衡点。

我们应该尊重财务健康概念中固有的平衡。我们可能会在冷静、沉着、镇定的时候制订如何使用金钱的计划，但实际上却在花钱的时候头脑发热。这些克制的冷静状态和冲动的头脑发热状态并不总是一致的，但我们可以尊重这两种状态，例如，允许自己设置承诺机制，以保持我们的储蓄目标，同时也不会因为临时起意去看望朋友而感到内疚。

虽然我们都应该为保持财务健康而努力，但我们需要在认识到运气和环境的限制，以及赞赏我们为了改善自己的状况而付出的努力和做出的选择之间，找到一个平衡点。

善于理财既不是沉迷于不可持续的消费和任性挥霍，也不是屈服于苛刻的极简主义和节约。拥有良好的理财方式意味着制订并坚持计划，使其为我们所用，并在财务构成中留有足够的余地，以便能够应对甚至享受始料未及的情况。

正如本书所探讨的那样，了解我们自己的一些奇怪的、令人担忧的和优秀的理财方式，可能有助于我们走向财务健康和善于理财的旅程。

作者简介

娜塔莉·斯宾塞

专注于研究财务能力的行为科学家。作为英国皇家艺术协会的高级研究员,她与人合著了《天生轻率:财务能力的行为障碍》(*Wired for Imprudence:Behavioural Hurdles to Financial Capability*),以及其他书籍。娜塔莉现任职于荷兰国际集团(ING),正致力于进一步探索如何利用行为科学来改善财务健康状况。

自我提升系列图书

ISBN: 978-7-5046-9633-5

ISBN: 978-7-5046-9627-4

ISBN: 978-7-5046-9903-9

ISBN: 978-7-5046-9975-6

ISBN: 978-7-5046-9974-9

ISBN: 978-7-5236-0044-3